JN180226

地球をめぐる不都合な物質

拡散する化学物質がもたらすもの

日本環境化学会　編著

ブルーバックス

●カバー装幀／芦澤泰偉・児崎雅淑
●カバーイラスト／星野勝之
●目次・章扉デザイン／芦澤泰偉事務所・児崎雅淑

まえがき

私たち人類は、これまで数多の化学物質を作り出してきました。そして2015年、アメリカ化学会が構築しているCAS（Chemical Abstracts Service）データベースに登録されている化学物質の数が「1億個」を超えました。この中には天然の化学物質も多く含まれており、すべて人類が生み出した化学物質というわけではありません。しかし、科学技術の進歩に伴い、登録される新たな人工化学物質の数が年々増加の一途をたどっていることは、まぎれもない事実です。

深刻な被害をもたらした公害病を経験した日本では、その反省のもと、1970年代の初頭に、さまざまな対策や規制がなされました。その結果、目に見えた形の環境汚染は改善され、問題はなくなったかのようにも思えます。

しかし、世界中にこれだけ多くの化学物質が存在し、日々その数が増え続けている中、新たな問題は起きていないのでしょうか？

実は21世紀に入る頃から、「ダイオキシン」や「環境ホルモン」など、化学物質をめぐる問題は、新たなステージに入っています。

害虫を駆除する目的で作り出され、畑や水田などで使用された農薬が、遠く離れた北極圏の大自然の中で生活をしているホッキョクグマや広い海を泳ぎまわるイルカの体内からきわめて高い濃度で検出されています。また、日常的に便利に使われているプラスチックは、川から海に流れ出て、劣化するうちに小さくなり、大陸からはるか遠く離れた太平洋の真ん中にまで運ばれていることがわかってきました。海を漂《ただよ》うプラスチックを、海鳥やクジラなどが誤飲してしまった例も数多く報告されています。さらにＰＭ２・５と呼ばれる微粒子が、大気を経由して他の国から日本にやってくる様子も観測されています。つまり、化学物質をめぐる問題に、新たに「地球をめぐる」というキーワードが浮上してきたのです。すなわち、かつての公害病のように日本国内だけの問題ではなく、世界中でその問題と対策に取り組んでいかなければならない時代へと突入しているのです。

では、化学物質が与える影響については、どのように理解が進んでいるのでしょうか？　例えば、ヒトへの健康影響については、公害病発生当時のような高濃度の化学物質にさらされる機会はほぼなくなった一方で、近年、これまで問題とされていなかったごく低濃度でも、胎児や乳児に対しては、悪影響を与える化学物質があることが明らかとなってきました。また、近年のアレルギー疾患患者の増大には、衣食住などライフスタイルの変化がもたらす新たな化学物質の曝露《ばくろ》が関与していることも示唆されています。さらに、化学物質が野生生物に与える影響は、生物種差だけでなく、時には個体差までもあることがわかってきました。つまり、化学物質の数が増加の一途をたどる中、化学物質が与える影響については、これまで以上に、対象やとりまく環境を細分化しながら考えていかなくてはならないのです。

今から約10年前に、アメリカのアル・ゴア元副大統領が環境問題を世界各地で訴える様子を記録したドキュメンタリー映画『不都合な真実』が公開されました。この映画では、より便利で快適な社会を追い求めた結果、温室効果ガスである二酸化炭素の放出量が増大し、地球規模の気候変動が引き起こされつつある現状に警告がなされました。本書では、これまであまり知られてこなかった「地球をめぐる不都合な物質」について、第一線で活躍する環境化学者たちが解説します。取り上げた物質は、ＰＯＰｓ《ポップス》（残留性有機汚染物質）、マイクロプラスチック、ＰＭ２・５や水銀など、多岐にわたります。こうした物質がどのように地球をめぐるのか、ヒトや野生生物にどのような影響を与えるのか、またそれぞれについて何がどこまでわかり、何がまだわかっていないのか、どう判断し行動することが大切なのかなど、最新の情報を詳しく説明していきます。

本書を通じて、地球をめぐる不都合な物質の現状についてご理解いただくとともに、この本を読んだ有為の若者たちの中で環境化学の分野を志す方が現れることを願ってやみません。

contents

地球をめぐる不都合な物質

プロローグ　地球をめぐる不都合な物質とは

化学物質に支えられた現代社会

私たちの日々の生活は、便利で役に立つさまざまな化学物質に支えられています。毎日の生活で利用されている化学物質の数は、実に５万種類とも10万種類ともいわれています。そのうち10分の１程度の化学物質は、年間１０００トンを超える量で製造され、出荷されています。「そんなにたくさん利用しているの？」と驚く方もいらっしゃるのではないでしょうか。それでは、まず日々の暮らしで使っている化学物質を探してみましょう。

毎日のように使うものには、洗剤、シャンプー、歯磨き剤など、衣類や体、食器などを清潔に保つための製品があります。これらの製品には、汚れを洗い落とすのを助ける物質（界面活性剤）に加え、バクテリアなどの増殖を抑える物質（抗菌剤）や、いい匂いのする香料などが加えられています。さらにこれらの製品の中には、スクラブという汚れ落としを助けるためのプラスチック製の小さな粒子が含まれている場合もあります。

家の中を見回すと、テレビやパソコンなどのプラスチック製品には、プラスチックを適度に軟らかくするための可塑《かそ》剤や、太陽光による劣化を防ぐための紫外線吸収剤、火災の拡大を防ぐために製品を燃えにくくする難燃剤などが加えられています。また日々の生活に欠かせない食事の中には、食べ物や飲み物をおいしそうに見せるための色素や、食欲をそそるための香料、あるいは、カロリーの少ない人工甘味料など、さまざまな食品添加物が使用されています。さらに、作物を育てる時は、害虫や病原菌、雑草などから作物を守り育てるために、各種の農薬が使われています。

このように、私たちの日常に少し目を向けただけでも、たくさんの利便性の高い化学物質が使用されていることがわかります。現代社会に暮らす私たちは、意識しないうちに、数えきれないほど多くの化学物質の力を借りて、豊かで安全な生活を営んでいるのです。

でも、とあなたは思うかもしれません。そんなたくさんの物質の中には、役に立つばかりでなく、何か不都合な性質を持っていて、気をつけなければいけない物質、使ってはいけない物質もあるのではないだろうか、と。

「不都合な物質」とは何か？

人類がこれまで作り出してきた化学物質の中には、便利な性質だけでなく、ヒトあるいは野生生物に対して思わぬ毒性を持つことがわかり、あとになって使用禁止になった物質もあります。

典型的なのがＤＤＴ（ＤＤＴｓと表記されることもあります）などの農薬です。農薬は、農作物や家畜に害を及ぼす害虫や雑草などに対して毒性を持つ物質で、人類はこれらの特徴をうまく利用して、食料の生産増大を進めてきました。かつて、ＤＤＴなどの有機塩素系殺虫剤は効き目が強く長持ちし、ヒトへの急性毒性が弱い農薬として世界中で使われました。しかし、後にＤＤＴは環境中に長く残り、害虫以外の野生生物（例えば鳥類など）に濃縮されて悪影響を及ぼすことが明らかとなりました。この問題は、アメリカ内務省魚類野生生物局の生物学者だったレイチェル・カーソンの著書『沈黙の春』（１９６２）で広く知られるところとなり、現在、ＤＤＴの使用は、マラリアを媒介する蚊を駆除する目的を除き、世界中で厳しく規制されています。

近年の農薬は、害虫によく効く一方、ヒトや哺乳動物などへの毒性が弱く、食物連鎖を通じて濃縮されにくいようにデザインされています。ただ、害虫以外の昆虫や近縁のエビなどに対しても毒性を持つことが多く、その利用にあたっては、生態系への影響に注意する必要があります。

農薬のように毒性を利用する目的で作られたわけではないのに、大いに製造、利用されたあげく、後々その毒性が問題となって、製造中止に追い込まれた化学物質も少なくありません。ポリ塩化ビフェニル（ＰＣＢ）は、その一つです。

ＰＣＢは、化学的に安定で熱分解されにくく、電気絶縁性が高いという優れた特徴から、トランスやコンデンサーの絶縁油、加熱のための熱媒体、可塑剤やノンカーボン紙など、さまざまな目的で使用されてきました。国内における使用量は、総計５万４０００トンにも上ります。しかし、１９６８年にＰＣＢが食用油に混入して大きな健康被害が発生し（油症事件）、その結果、わが国では１９７２年に製造と使用が禁止されました。さらに最近では、火災の拡大防止に欠かせない難燃剤の中にも毒性を持つ物質が見つかり（ポリ臭化ジフェニルエーテル〈ＰＢＤＥ〉など）、国際的に使用が禁止されています。

毒性を持つ化学物質といえば、ダイオキシンという名前を思い浮かべる方もいらっしゃるでしょう。人類が生み出した最強の毒物ともいわれるダイオキシンは、実は、何かの役に立てようとして作り出した物質ではありません。ダイオキシンは、物を燃やしたり、他の化学物質を合成したりする時に一緒にできる物質で、安定でなかなか壊れず、水に溶けにくく油に溶けやすいという性質を持ちます。ダイオキシンのように、意図しないのにできた物質を非意図的生成物質と呼びます。

ダイオキシンやＰＣＢ、ＰＢＤＥなどは、微量であっても、環境中に放出された後、食べ物を通じて生物に濃縮され、食物連鎖の上位の生物に高い濃度で蓄積されます。そのため、ヒトやイルカ、クジラなどのように生態系の上位にいて寿命の長い生物は、こうした汚染物質を長期にわたって体内に蓄積し続けることになります。

プラスチックも、近年問題視されている「不都合な物質」です。安定で壊れにくい物質で、生活のさまざまな局面で便利に使われていますが、ひとたびゴミとして捨てられてしまうと、たちまち「厄介な存在」に変わります。海洋に投棄されたり、流れ出したりしたプラスチックは、海を長期に漂うゴミとなり、ウミガメや海鳥、クジラなどが餌と間違えて食べてしまい、死に至る例も報告されています。近年では、長さ5㎜以下のいわゆるマイクロプラスチックが世界の海に広がり、魚などに取り込まれる様子も明らかとなってきました（詳細は第2章）。プラスチックにはさまざまな化学物質が添加されることもあるため、プラスチックが海洋を漂うことによる化学物質の汚染拡大とその環境影響も懸念されています。

水銀やカドミウムなどの毒性を持つ重金属元素は、水俣病、イタイイタイ病をはじめ、過去にいくつもの公害事件や食品汚染事故を引き起こしてきました。元素は消えてなくなることはなく、一度環境中に出てしまうと、長く汚染が残ることになります。また、水俣病の原因物質であるメチル水銀のように、食物連鎖の過程で濃縮され、健康被害を引き起こす性質を持つものもあります。

不都合な物質の厄介な特徴

これまで述べたように、ヒトや野生生物を脅かす危険性を指摘されるような「不都合な物質」は、「環境残留性」、「生物濃縮性」、そして「毒性」が高い物質であるといえます。日本では、一般の化学物質を「化学物質の審査及び製造等の規制に関する法律」という法律で管理していますが、この3つの性質を併せ持つ物質は、第一種特定化学物質に指定されており、原則として、その製造、輸入、使用を禁止、あるいは厳しく制限しています。国際的には、この3つの性質に加えて、大気や水の動きにのって越境移動する性質を併せ持つ物質を、ストックホルム条約という国際条約で厳しく管理しています。ストックホルム条約の対象物質はＰＯＰｓ（Persistent Organic Pollutants〈残留性有機汚染物質〉の略）と呼ばれています。

たとえ毒性があっても、自然界や生体内ですぐに分解されたり、自然環境の中で次第に薄まっていく物質であれば、その影響は狭い範囲にしか及びません。ＰＯＰｓが厄介なのは、ひとたび環境中に放出されると、なかなか分解されず、はるかかなたまで移動し、そこで生態系の上位の生物の体内に濃縮されて、有害な影響を示す可能性がある点です。

ＰＯＰｓのように環境残留性と生物濃縮性の高い物質は、たとえ急性毒性が弱くても、低濃度で長期間曝露すると、体の中に蓄積し続けて濃度が上がり、有害な影響が現れる危険があります。さらに、妊娠した母親の体内に蓄積された物質が、胎盤や母乳をとおして感受性の高い胎児や赤ちゃんに移り、悪影響を及ぼす恐れもあるのです。

ＰＯＰｓやプラスチックの添加剤、界面活性剤などの中には、ヒトや野生生物の内分泌系（ホルモン）に影響を及ぼし、有害な影響を引き起こす恐れのある物質（内分泌かく乱《らん》化学物質……環境ホルモンとも呼ばれます）も含まれています。これらの物質の中には、胎児や赤ちゃんの時の曝露の影響が大人になってから現れるものもあります。曝露されてから影響が現れるまで10年以上の長い年月がかかる毒性としては発がん性が知られていますが、内分泌かく乱化学物質による作用も、曝露から影響が現れるまでに長い年月がかかります。そのため何らかの症状が現れた時にはもう汚染が拡がってしまい、取り返しのつかない状態になっている恐れがあるのです。

低濃度での長期曝露の影響に関する研究は困難で、科学的に未解明な部分も多く残されています。しかし、わからないからといって何の対策もとらないと、被害が拡がってしまい、毒性が明らかになった時点では、回復不能な打撃を与える危険性があります。

忘れてはならないのは、ストックホルム条約に登録されているＰＯＰｓは、意図したにせよ非意図的にせよ、人類が作り出した物質である、ということです。すなわち、放置することなく、人類が責任を持ってその解決にむけて努力しなければなりません。

北極圏——化学物質が最後に集まる場所

それでは、環境中に出ていってしまった不都合な物質は、いったいどのような経路をたどり、ヒトや野生生物の体内へと蓄積されていくのでしょうか。

いったん環境中に放出された物質が体内へと濃縮される仕組みとしては、先ほど説明した生物濃縮の他に、温度による効果が挙げられます。すなわち、高温では揮発しやすい（大気にとどまりやすい）物質が、低温では水や土壌に吸着される傾向があります。そのため、熱帯地方で使われた化学物質が揮発し、大気の流れに乗って低温の極地まで運ばれ、そこで地表や海洋表面に吸着したり（乾性沈着）、雨や雪に取り込まれたりして落ち（湿性沈着）、汚染を拡大することがわかってきました。冬場の家の中で、台所や風呂場から出た水蒸気が冷たい北側の窓に結露して、窓枠をびしょびしょにすることがありますが、化学物質の地球規模の循環においても、これと同様なことが起きているのです。

わけても北極圏は、大気中に出ていったさまざまな化学物質が最終的に集まる場所といわれており、生態系やそこで生活するイヌイットなどの人々の健康に対する悪影響が懸念されています。

全世界への汚染の拡大には、人類の経済活動も大きな役割を果たしています。ＰＯＰｓや重金属類は、過去にテレビや電池をはじめさまざまな製品に使われてきました。これらが中古品としてリサイクルされたり、故障したあとにまだ使える部品をはずしたり、電極に使われた貴金属を回収したりするために、国境を越えて、発展途上国に多く運び込まれています。近年、このような製品と一緒にＰＯＰｓや重金属類なども移動し、途上国に汚染を拡げていることがわかってきました。従来であれば一部の地域や国にとどまっていた局地的な環境汚染が、人類の経済活動によって世界規模の環境汚染を引き起こしているのです。すなわち、国際化が進めばこうした新しいタイプの汚染がますます増えていくものと懸念されます。

残念ながら、「地球をめぐる不都合な化学物質」の存在は、まだ十分に認知されていません。「化学物質」と聞くと自分とは縁遠いことのように思われるかもしれませんが、本書で取り上げているのは、私たちや家族の健康にも深く関わる切実かつ緊急性が高い問題ばかりです。この本では、さまざまな「地球をめぐる不都合な物質」について最先端の研究成果を紹介していきます。私たちが日々感じている問題意識や危機感がどのようなものなのか、ご理解いただければ幸いです。

（柴田康行　国立環境研究所環境計測研究センターフェロー）

第1部

人類が作り出した化学物質が地球を覆う

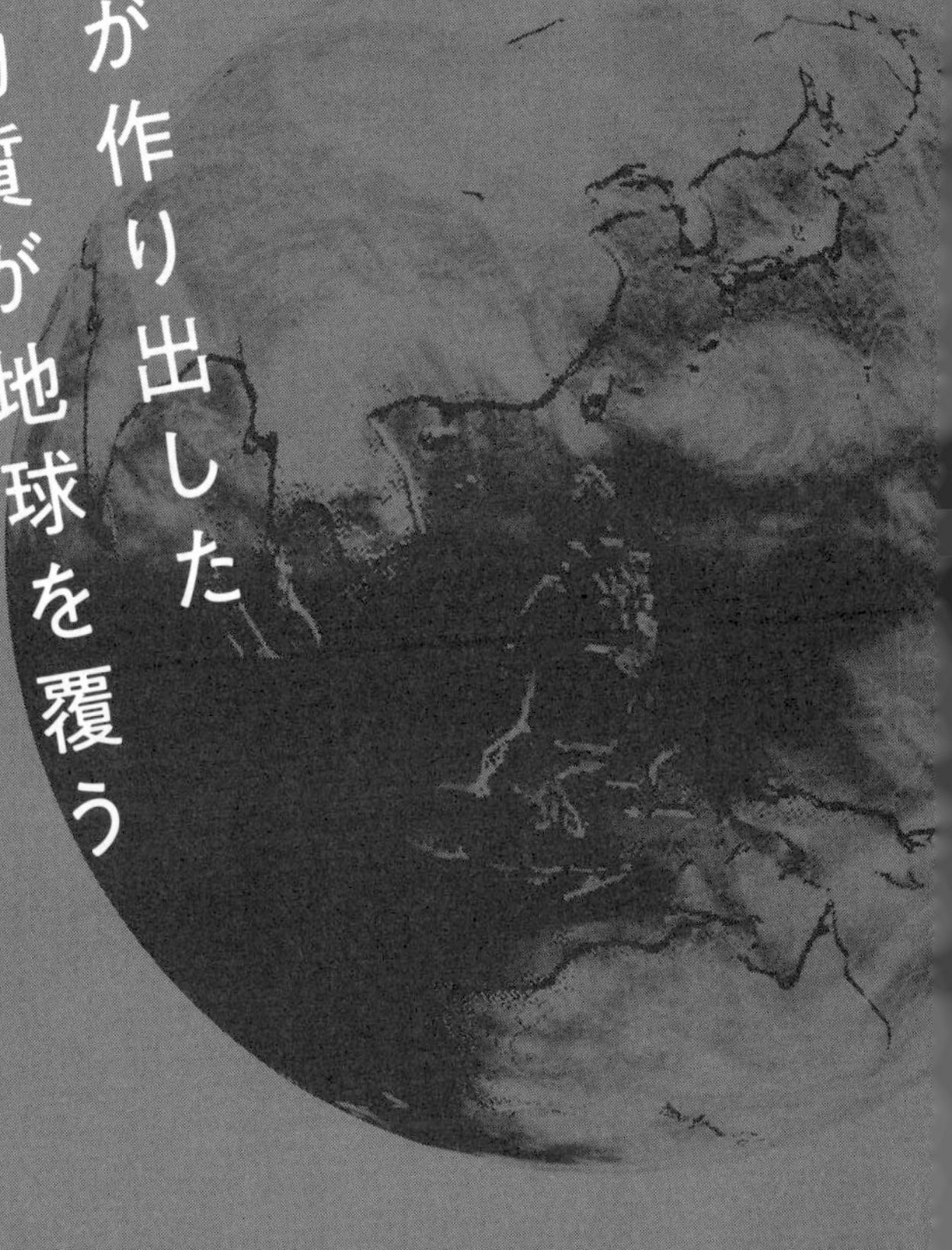

第１章

世界に広がるＰＯＰｓ汚染

——海生哺乳動物の化学物質汚染と途上国のダイオキシン汚染

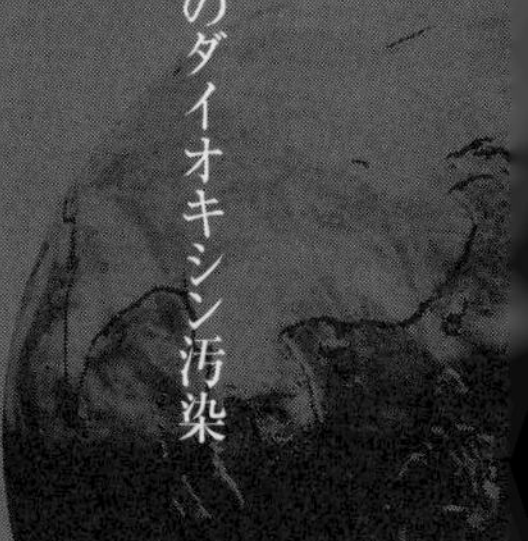

世界中に拡散するＰＯＰｓ汚染

人類は、これまで無数ともいえるさまざまな化学物質を生み出してきました。その中でも、生態系にとってとりわけ厄介なのが、プロローグでも取り上げたＰＯＰｓ（Persistent Organic Pollutants〈残留性有機汚染物質〉）です。環境中に放出されたＰＯＰｓは、生体内に容易に侵入し、ひとたび生体内に入り込むと、そこに長期間とどまります。さらに、環境中では低濃度で存在していたＰＯＰｓも、食物連鎖を通じて生態系の上位に向けて生物濃縮が進みます。その結果、アザラシ、アシカ、セイウチ、イルカなどの鰭脚《ききゃく》類や鯨類では、驚くほどの高濃度になることが知られています。たとえば、西部北太平洋に棲《す》むスジイルカが、海水中の１０００万倍もの高濃度でＰＣＢ（ポリ塩化ビフェニル、代表的なＰＯＰｓのひとつ）を蓄積していたとの報告もあります。

人類にとっても、ＰＯＰｓ汚染は決して他人事ではありません。汚染はすでに地球全体に拡大しており、ＰＯＰｓをこれまで製造・使用したことがない地域でも、汚染が顕在化しています。例えば、極域に居住するイヌイットは、血液中ＰＣＢ濃度が著しく高いことが報告されています[※1]

（※1は巻末に掲載した参考文献を示します。以下同）。

そのため、遅まきながら国際社会も「残留性有機汚染物質に関するストックホルム条約（ＰＯＰｓ条約）」などで対策に取り組んでいます。多くの国々はすでにＰＯＰｓ条約に加盟し、いち早く対策に取り組んできましたが、一部の国々では、特にマラリア対策などのために一部のＰＯＰｓの使用が継続されています。また、発生源・汚染源対策が遅れている国もあり、汚染物質の新たな供給源となっています。このようにＰＯＰｓの汚染源は、先進国から産業化が著しい新興国や途上国にまで広がっているため、問題の解決を難しくしています。

新たな汚染源となっている新興国や途上国の多くは、低緯度の熱帯・亜熱帯地域にあります。こうした地域では大気循環が活発なため、ＰＯＰｓは大気を通じて遠方へと拡散していきます。大気に乗せられて高緯度地域まで運ばれたＰＯＰｓは、冷たい空気に冷やされて極域の海洋や陸域に沈着することになります。

海洋は、地球の表面積の約7割を占めています。今後、低緯度地域でＰＯＰｓの無秩序な利用が進行すると、大量の汚染物質が揮散《きさん》し、高緯度地域で海洋に溶け込むことなどにより、化学物質の大半は、世界中の海に広がることになります。

こうした地球規模のPOPs汚染の被害を最も深刻な形で受けるのが、世界の海洋に分布している海生哺乳動物です。私たち愛媛大学の研究チームは、長らく海生哺乳動物の化学物質汚染について調べてきました。私たちの調査では、この数十年でPOPs汚染は世界規模で急速に広がり、さまざまな化学物質が多様な海生哺乳動物に高濃度で蓄積されていることが確認されています。

本章では、こうした研究成果を踏まえて、まずはPOPsによる環境と生態系の汚染実態について紹介したいと思います。

瀬戸内からアジア・世界へ広がったPOPs研究

DDTなどの有機塩素系農薬による環境や生態系の汚染が社会問題となったのは、レイチェル・カーソンの『沈黙の春』が出版された1962年以降です。日本国内でこの種の物質の生産・使用が規制されたのは、1970年代初期でした。1970年代の汚染はきわめて深刻で、私たちの大学がある愛媛県が面する瀬戸内海の沿岸地域で採取した環境試料（大気・水・土壌・堆積物・生物など）からは、すべて高濃度のPOPsが検出されました。しかし不思議なことに、瀬戸内海に残存しているPOPs量は、当時のその地域の使用量に比べると、予想外に少ないものでした。この結果から私たちは、「消えてしまったＰＯＰｓは、大気を経由して、拡散・消失し、その汚染は地球規模で広がっているのではないか?」と推測しました。

　その後１９８０年代にかけて、野生生物の異常（奇形、免疫系・内分泌系の疾患、個体数の減少、大量斃死《へいし》など）が世界各地で報告されました。その直接あるいは間接的な原因は、化学物質であると考えられたため、私たちは米国地質調査所のオッシー博士と共同研究を始め、海生哺乳動物の化学物質汚染に関する世界中の研究論文を収集・整理し、検出された化学物質および動物種と個体数について調べてみることにしました。[※2] その結果、海生哺乳動物から有機塩素化合物を検出したことを初めて報告した研究論文は、１９６６年に発表されたものであることがわかりました。この調査では、陸から遠く離れた南極に棲むアザラシに、殺虫剤であるＤＤＴとその代謝物が残留していることが初めて確認されたのです。

　それでも、１９６０年代当時に海生哺乳動物から検出された化学物質は、有機塩素化合物５種類、元

図1-1
ニュージーランドの海岸で大量斃死《へいし》（行き倒れて死ぬこと）したクジラ。有害化学物質による曝露との関連は不明だが、近年こうした事例が相次いでいる

素1種類（Hg）のみで、検出された動物は8種類89検体の鯨類・鰭脚類にすぎませんでした。ところが1990年代になると、化学物質汚染は拡大し、265種類の有機汚染物質と50種類の元素が海生哺乳動物から検出されました。有機汚染物質の大半はPOPsで、40種類の鯨類と17種類の鰭脚類を含む、総計5529もの検体で、その汚染が確認されたのです。

検出されたPOPsの中には、強毒性の内分泌かく乱物質であるダイオキシン（PCDD）やジベンゾフラン（PCDF）、ダイオキシン様PCB（DL-PCB。ダイオキシン様の毒性を示す平面構造のPCB。コプラナーPCBとも呼ばれてきた）なども含まれていました。わずか30年の間に、POPs汚染が急激に進んだことがデータから読み取れたのです。

海生哺乳動物の異常な汚染

それでは現在、海生哺乳動物の化学物質汚染はどのような状況にあるのでしょうか。図1-2をご覧ください。これは、日本国内および周辺地域に生息する高等生物のPCB濃度です。陸上に棲む生物に比べて、海洋生物の濃度が高いことがわかります。中でもシャチ、スジイルカ、カズハゴンドウなどの海生哺乳動物は、突出して濃度が高くなっています。一般に化学物質の濃度は、汚染源である陸上から遠ざかるにつれて低減するのが普通です。本来、清浄なはずの外洋に生息しているシャチやイルカが、陸上や沿岸の高等動物よりはるかに高い濃度でPCBを蓄積し

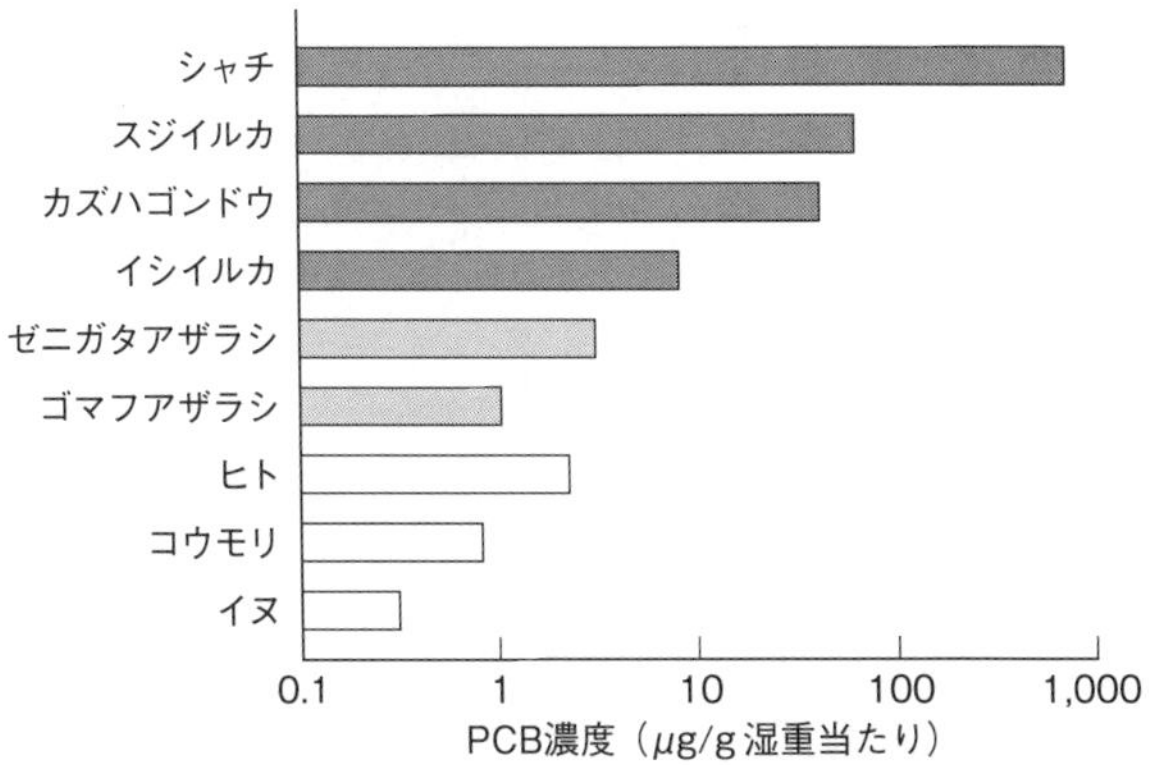

図1-2　日本国内および周辺地域に生息する高等生物のPCB濃度
出典：磯部ほか、2009 ※3

ているのはなぜなのでしょうか。

海生哺乳動物の化学物質汚染が顕在化している要因は、先に説明したようなＰＯＰｓ汚染源の南下（低緯度地域への移行）や、それに伴って海洋が有害物質の溜まり場となっていることが考えられます。しかし、それだけではこのレベルの汚染は説明できません。

要因として考えられるのが、海生哺乳動物特有の体質です。実は、海生哺乳動物は、私たちヒトを含む陸生哺乳動物に比べて、化学物質を蓄積しやすいのです。

海生哺乳動物は、皮下に厚い脂肪組織があり、ここが有害物質の貯蔵庫になっています。この脂肪組織は脂皮と呼ばれ、アザラシの乳仔《にゅうし》では体重の50％を超えます。イルカの成獣の場合、20～30％が脂皮で、ＰＯＰｓの体内負荷量の約95％がここに蓄積しています。

厄介なことに、ＰＯＰｓは脂溶性が高いため、いったん脂肪組織に蓄積すると、簡単には排泄されません。したがって、ＰＯＰｓは長期間そこに残留することになります。寿命の長い海生哺乳動物では、餌などから取り込んだ有害物質が年齢とともに徐々に脂皮に蓄積してしまうのです。

世代間でもＰＯＰｓが移行

さらに海生哺乳動物の場合、世代を超えた有害物質の移行、つまり、母子間移行が顕著であることも見逃せません。

有害物質が親から子に移行するルートとしては、胎盤ルートと授乳ルートの２つがあります。哺乳動物の場合、一般に、胎盤経由でのＰＯＰｓ移行量は少なく、せいぜい母親の体内に存在する量の５％程度です。残りの大部分は、授乳によって移行することが知られています。なかでも鯨類や鰭脚類の母乳は脂肪含量が高いため、授乳によって多くのＰＯＰｓが母親から乳仔に移行してしまいます。

スジイルカでは、体内に残留するＰＣＢ総量のおよそ60％が授乳により乳仔に移行することがわかっています。またバイカルアザラシでは、ＰＣＢおよびＤＤＴ負荷量の約20％が授乳によって排出されています。このような顕著な化学物質の母子間移行があるため、鯨類や鰭脚類の成熟個体では、POPsの蓄積濃度が性別によって大きく異なります。つまり、雄は餌から取り込んだPOPsを一方的に蓄積するため高い濃度になるのに対し、雌は授乳により体内負荷量が減少するため、成熟雌の体内濃度は成熟雄のそれよりも明らかに低くなります。

母親に蓄積されたPOPsはそのまま世代を超えて引き継がれてしまうため、海生哺乳動物全体におけるPOPs汚染は簡単に低減しません。したがって、POPs条約などの国際規制が功を奏して、環境中に放出されるPOPsの量が減り、汚染レベルが低下したとしても、海生哺乳動物の体内のPOPs濃度は速やかに低減しない可能性があります。

一般に、海生哺乳動物の乳仔の体重は母親の10分の1程度であるため、乳仔におけるPOPsの体内濃度は、授乳期間中に一気に上昇します。このことは、体内蓄積量が増えるだけでなく、毒性リスクが増大することになります。詳しくは本書の第８章で説明しますが、陸上の哺乳動物は、肝臓などに局在する薬物代謝酵素を用いて有害物質を分解し、外部に排泄することで生体環境を維持しています。しかし海生哺乳動物、とくにイルカやクジラの仲間は、薬物代謝酵素の活性が弱いため、POPsをほとんど分解できないことが知られています。つまり、陸上哺乳動物にとっては有害化学物質の主要な排泄ルートである肝臓の薬物代謝系が、海生哺乳動物では機能しないのです。

代表的な事例として、有機スズ化合物の蓄積が挙げられます。有機スズ化合物の一種であるブチルスズ化合物は、ＰＯＰｓに比べると安定性が乏しいため、高等動物の体内では容易に分解されると考えられていました。しかし、こと海生哺乳動物ではそうではなく、肝臓に高濃度で蓄積していることがわかったのです。西部北太平洋のスジイルカは、海水中の１０００万倍もの高濃度でＰＣＢを蓄積していることを冒頭で説明しましたが、これも、薬物代謝酵素の活性の弱さが強く影響していると考えられます。

イルカやクジラ、アザラシなどの海生哺乳動物は、ダイオキシン類の蓄積濃度も高く、とくに、ダイオキシン様ＰＣＢの汚染が顕在化しています。海生哺乳動物や魚食性の鳥類の毒性等量（ダイオキシンの毒性を考慮した値：英語名 Toxic Equivalent Quantity：略称 ＴＥＱ）は、数千 pg-ＴＥＱ／g（脂肪重当たり）の濃度を示すものもあります。この値は、ヒトから検出されたダイオキシン類の蓄積濃度をはるかに上回ります。このように、ある種の野生生物はヒトとは違う生理機能を持っているため、たとえ人体に影響を与えないレベルの低濃度のＰＯＰｓでも、無視できないレベルの影響を受けている可能性があるのです。

１９９１年、イギリスの生態学者シモンズは、記録として残されている海生哺乳動物の大量死事件は20世紀になって11件あり、このうち９件は、１９７０年以降に発生していることを報告しています。２０００年以降も、こうした大量死事件は続いており、カスピ海や北海でアザラシの大量死が、また日本や南半球のニュージーランド、オーストラリアでも海生哺乳動物の大量斃死が報告されています。[※4]これらの大量死事件の具体的な原因は明確にはなっていませんが、ＰＯＰｓが何らかの形で関与している可能性は否定できません。

地球をめぐる不都合な物質「ＰＯＰｓ」の行方

本章の冒頭で、熱帯・亜熱帯の低緯度地域で利用されたＰＯＰｓが世界の海洋に拡散していることを説明しました。それでは、こうした有害化学物質はどのように広がり、最終的にどこに到達するのでしょうか。残念ながらこうした疑問に明確に答えられる研究はあまり多くありませんが、近年興味深い報告があがっています。

私たちが調査した地球規模での外洋大気および表層海水のＰＯＰｓ汚染調査[※5]では、殺虫剤として使われているヘキサクロロシクロヘキサン（ＨＣＨ）が世界規模で拡散されていることが確認されました。興味深いことに、ＨＣＨの高濃度分布は、この殺虫剤が今もなお使用されている熱帯・亜熱帯周辺海域で認められるばかりでなく、使用されていないはずの北極周辺海域でも観察され、この傾向は大気よりも表層海水で顕著だったのです。

対照的に、有機塩素系の殺虫剤であるＤＤＴの残留濃度は全体的に低く、熱帯海域周辺のみで高濃度分布が見られました。ＨＣＨに比べると、ＤＤＴは大気によっても輸送されにくく、汚染源周辺にとどまりやすいのかもしれません。

その一方で、ＰＣＢやシロアリ駆除剤のクロルデン（ＣＨＬ）は均質な濃度分布を示し、南北差も小さいことが明らかにされています。ＰＣＢやクロルデンの汚染が全世界に広がり、一様な分布を示すことは、依然として中緯度地域の先進諸国からの放出が続いていることに加え、低緯度帯に多い新興国や途上国にまでＰＯＰｓの汚染源が拡大したことを暗示しています。

近年、ＰＯＰｓの世界的な汚染分布と併せて、大気・海水間での物質交換について調べる研究も急速に進んでおり、地球規模でのＰＯＰｓの動態が解析されつつあります。大気・海水間におけるＰＯＰｓのフラックス（移動量）を求めた研究では、さまざまなＰＯＰｓをトータルで見た場合、ほとんどの海域で負の値が得られており、大気から海水のほうに活発に移行していることがわかってきました。つまり、大気中に放出されたＰＯＰｓは、大気の循環により長距離輸送されるとともに、最終的には海水中に溶け込んでそこに溜まり、海洋生態系に蓄積されることが、フラックス解析の結果からも示唆されています（図1-3）。

個々の物質で見てみると、ＨＣＨのような移動拡散性の高い物質の場合は、汚染源に近い熱帯海域では、正のフラックス（揮発）が認められるものの、北極のような汚染源から離れた海域では、大気から海水への活発な流入、すなわち負のフラックス（沈着）が見られることがわかっています。高緯度地域の海水が大きな負のフラックスを示す傾向は、ＰＣＢでも認められていま

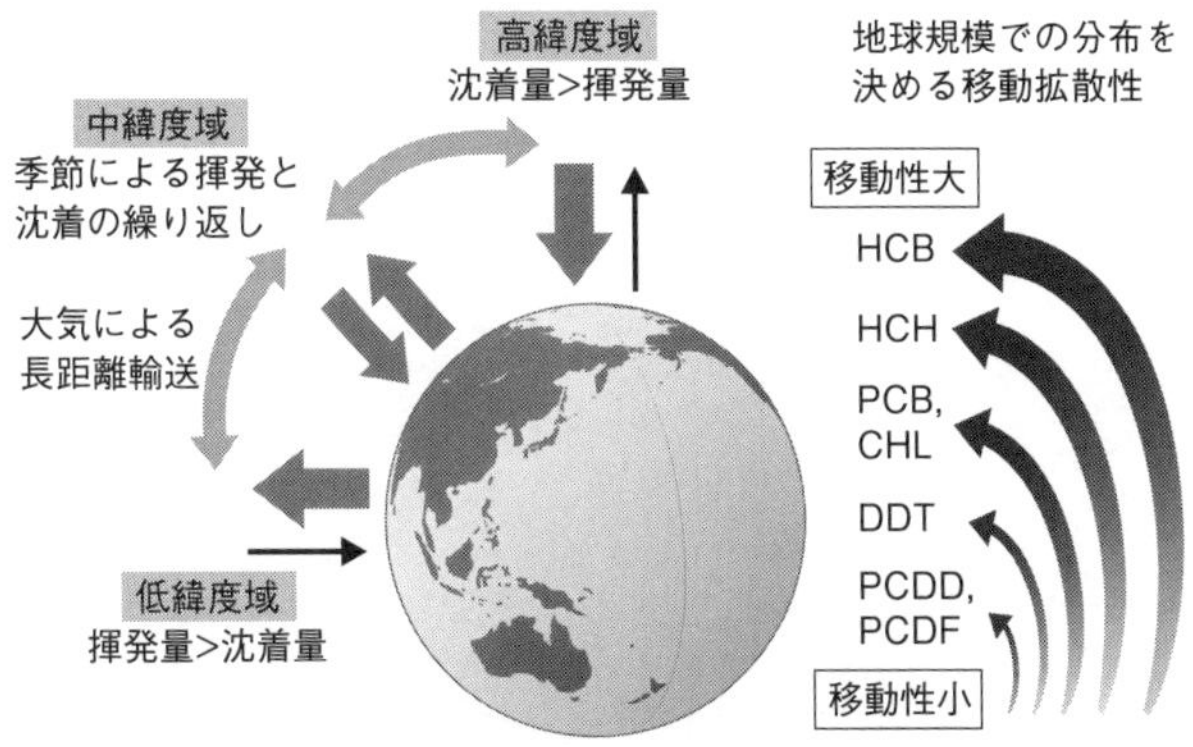

図1-3　地球規模のPOPs汚染
出典：Wania and Mackay, 1993 ※6

す。

こうした調査結果は、外洋の海水がこの種の物質の最終的な到達点となっていることを示しています。とくに北極周辺の海水は、水温が低いため揮発量に比べて沈着量が圧倒的に多く、ＰＯＰｓの溜まり場（シンク）として重要な役割を果たしている可能性があります。この大気経由で熱帯域から高緯度地域に化学物質が次第に移動する現象は「グラスホッパー効果（バッタ効果）」と呼ばれており、ＰＯＰｓの環境動態の特徴の一つとされています。

途上国のダイオキシン汚染

ここまで、ＰＯＰｓが大気や海をめぐって海生哺乳動物にまで蓄積される世界的なＰＯＰｓ汚染について説明してきました。それでは、新たな発生源となっている新興国や途上国では、一体どのようなことが起きているのでしょうか？　ここからは、愛媛大学が精力的に研究しているもうひとつのテーマである、途上国のダイオキシン汚染の実態について説明したいと思います。

前述したように、新興国や途上国の多くは熱帯・亜熱帯地域に集中しており、これらの地域が地球の「蒸発皿」として機能することで、ＰＯＰｓをはじめとする有害化学物質の地球規模の循環を拡大していることがわかってきました。

これまでお話ししてきたＰＯＰｓの中でも、ひときわ高い毒性を持っているのがダイオキシン類です。ダイオキシン類は、環境での残留性や生物蓄積性が高いため、さまざまな生物から検出されており、その生体リスクが懸念されています。これまで欧米を中心に数多くの汚染実態調査やリスク評価が実施され、その結果に基づき、焼却施設の改善や化学物質の使用規制が行われたことにより、近年、先進国においては、環境中ダイオキシン類濃度は低減傾向にあります。

日本でも、実はこれまで大量のダイオキシン類が環境中へ放出されました。その主要な排出源は、１９６０～１９７０年代に農耕地に散布された除草剤のＰＣＰ（pentachlorophenol）やＣＮＰ（2,4,6-trichlorophenyl-4'-nitrophenyl ether）、あるいは廃棄物等の焼却による燃焼やＰＣＢ製剤に由来することが知られています。

しかし、１９７０年代にこれら除草剤やＰＣＢ製剤の生産・使用が禁止されました。２０００年にはダイオキシン類対策特別措置法が施行され、焼却施設の改善も急速に進んだことから、わが国のダイオキシン類環境排出量も、他の先進国と同様、経年的に減少しています。例えば、環境省が推定した年間排出量は、平成9年の7680～8135g-TEQ/年から平成27年の118～120g-TEQ/年と顕著な低減が報告されています。[※7] このことから、生物相へのダイオキシン類曝露レベルも類似の低減が期待されます。

一方、近年急速な経済発展が進み、人口増加の著しいアジアの途上国では、多量の廃棄物が大規模な都市の開放型ゴミ集積場に投棄されています。高温でゴミを燃焼すればダイオキシンは発生しないのですが、アジアの途上国では、先進国で普及しているような高温焼却できる施設が少ないのが実情です。私たちが調査したアジアの途上国では、投棄された大量のゴミが、自然発火したり意図的に焼却されたりす

図1-4　途上国における開放型都市ゴミ集積場での意図的焼却（上）とゴミの中の有価物を収集する子ども（下）

ることにより、低温で燃焼している場所が多く存在しています（図1-4）。このようなアジア途上国の都市における開放型ゴミ集積場では、燃焼に伴うダイオキシン類の生成が予想され、周辺環境への汚染の拡大が懸念されます。

加えて、このようなゴミ集積場には、機器類、プラスチック、金属製品、紙類、生ゴミなど、さまざまな廃棄物が分別されずに投棄されていることから、トランスやコンデンサーなどの電気機器に含まれるPCBなど、多様な有害物質が漏れだすことによる汚染の進行も予想されます。

しかし、研究を開始した2002年当時、このようなアジア途上国の開放型ゴミ集積場において、ダイオキシン類の汚染調査や周辺住民の曝露リスクを評価した研究は行われていませんでした。そのため、私たちの研究グループが、世界に先駆けてこの調査に取り組みました。

図1-4に示したとおり、ゴミ集積場内とその周辺には多くの集落があり、成人だけでなく、幼児や小児たちも「waste-picker」（ゴミ収集者）として場内で労働しています。胎児期・乳幼児期は、ダイオキシン類に対する感受性が高いことが知られており、ダイオキシン類に曝露することにより免疫機能や脳の発達に影響を及ぼす可能性も指摘されています。

ゴミ集積場周辺内で進む土壌汚染

私たちは、まず初めにアジア途上国の都市に存在する開放型ゴミ集積場におけるダイオキシン

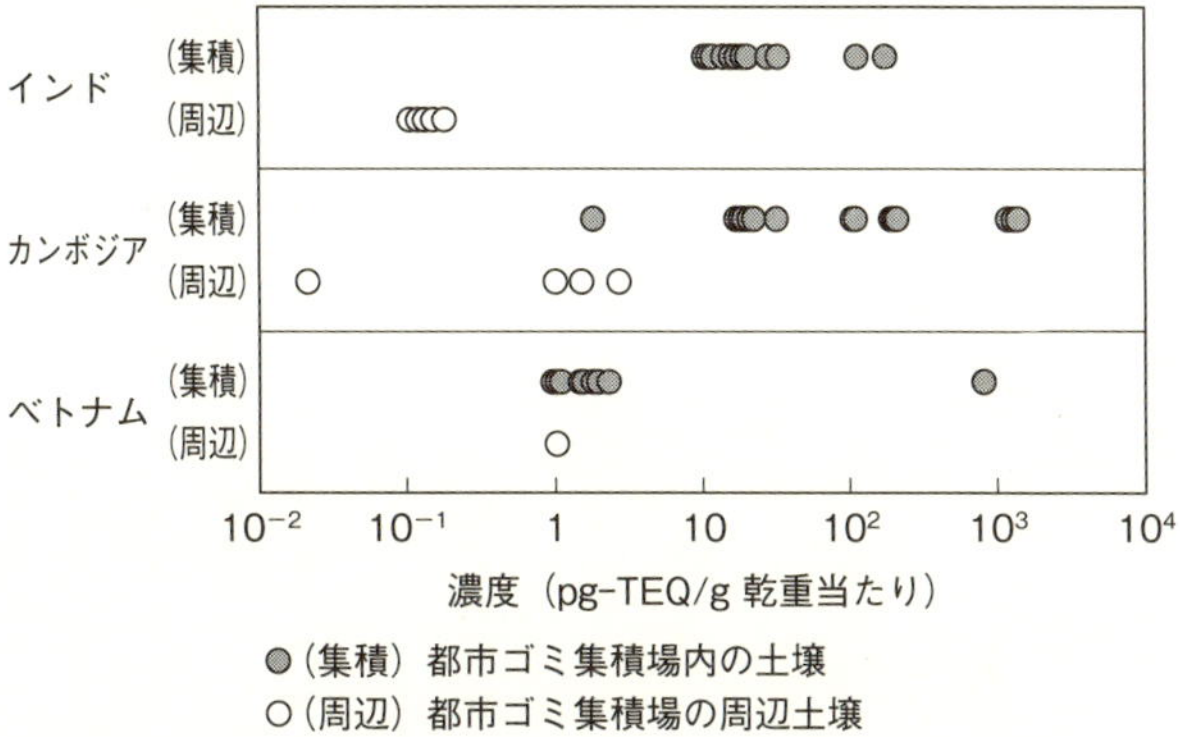

図1-5　アジア途上国のゴミ集積場内およびその周辺で採取した土壌中のダイオキシン類濃度

類生成の有無を検証するため、カンボジア（プノンペン）、インド（チェンナイ）、ベトナム（ハノイおよびホーチミン）のゴミ集積場内、および、その周辺で採取した土壌を分析しました。その結果、すべての土壌からダイオキシン類が検出され、その中でもカンボジアの集積場内の3地点からは、日本の環境基準値（1000pg-TEQ/g）を超える高濃度のダイオキシン類が検出されました（図1-5）。

さらに、ゴミ集積場内のダイオキシン類濃度は、周辺土壌の値よりも明らかに高い値を示しました。この結果から、今回調査したゴミ集積場では、ゴミの自然発火や意図的な焼却によりダイオキシン類が生成し、土壌を汚染しているということ、さらには、電気機器などPCBを含む廃棄物からPCBが漏出していることが示唆されました。私たちが予想したとおりのことが、実際に起こっていたのです。

それでは、ゴミの燃焼過程において、ダイオキシン類はどのように生成されるのでしょうか。その複雑な生成メカニズムについては、いくつかの研究がなされています。複数の塩素を含んだポリマー素材を用いた燃焼試験では、ポリ塩化ビニルを含有するゴミが、ダイオキシン類生成に深く関与していることが指摘されています。

今回サンプリングを行ったアジア途上国でも多量のポリ塩化ビニルが使用されており、ゴミ集積場に廃棄されたポリ塩化ビニル含有ゴミが開放系で燃焼していたことから、ダイオキシン類生成を増進させている可能性が示唆されました。

周辺住民の母乳を調査

一連の調査で、アジア途上国の開放型ゴミ集積場内で高濃度のダイオキシン類が生成されていることが明らかとなりました。それでは、ゴミ集積場の周辺住民にも、すでにダイオキシン類曝露が及んでいるのでしょうか？　そこで私たちは、周辺住民の母親から採取した母乳を調べてみました。すると、すべての母乳試料からダイオキシン類が検出されたのです。ダイオキシン類の濃度は、インドが最も高く、とくに、インドのゴミ集積場周辺住民は、ゴミ集積場から離れた場所（対照地域）に住む住民と比べて、有意に高濃度を示しました（図1-6）。その結果、インドのゴミ集積場周辺住民には、特異なダイオキシン類の曝露ルートがあるという可能性が示唆されま

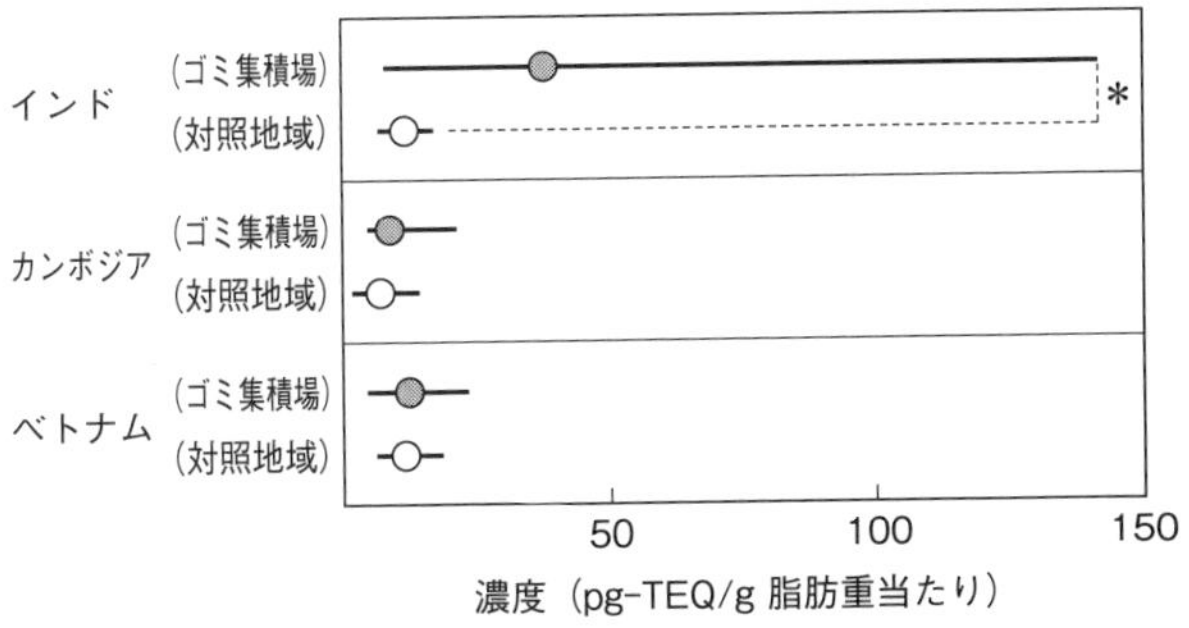

図1-6　アジア途上国のゴミ集積場および対照地域で採取した母乳中ダイオキシン類濃度（○は中央値、バーは濃度範囲、＊は統計的有意差を示す）

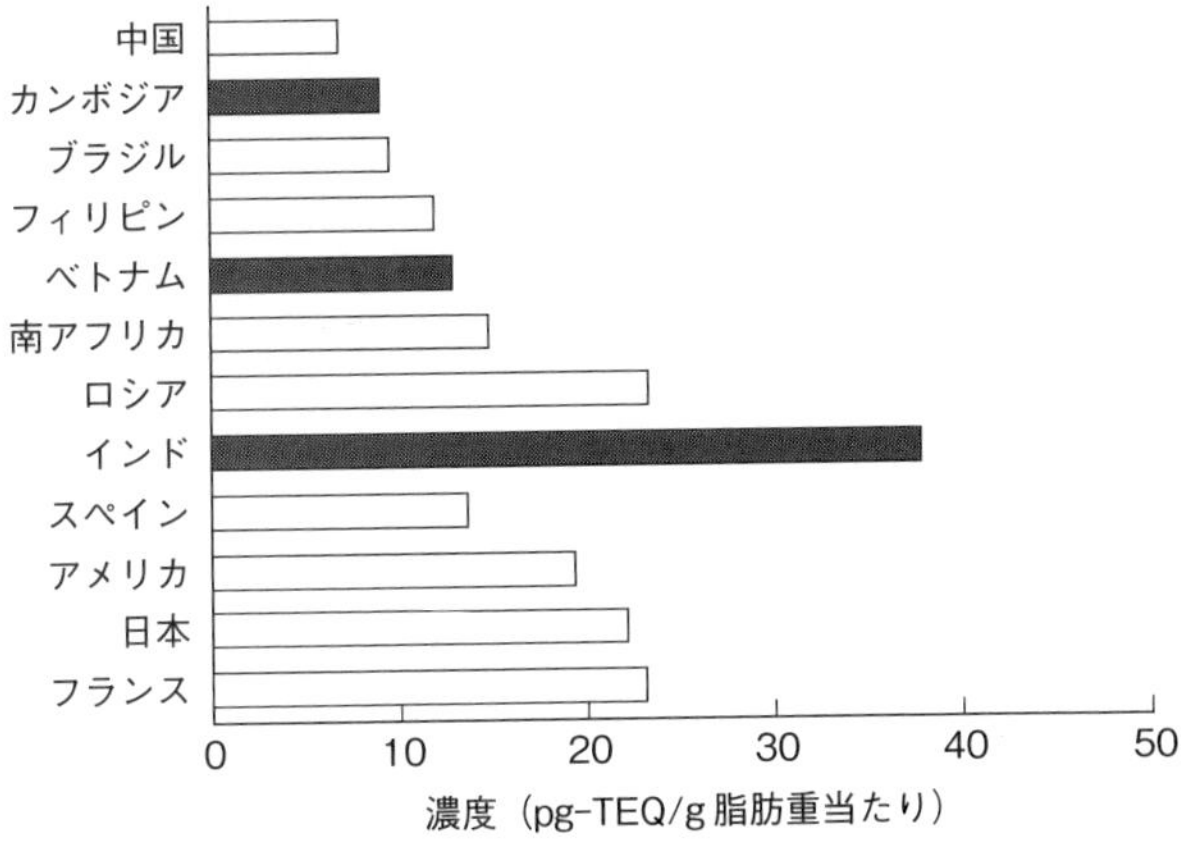

図1-7　母乳中ダイオキシン類濃度の国際比較

した。

次に、ゴミ集積場周辺住民の母乳中ダイオキシン類濃度の値を、他の国で報告されている一般人の値と比較したところ、インドの都市ゴミ集積場周辺住民の母乳から検出されたダイオキシン類濃度は、世界的に見ても高い値であることがわかりました（図1-7）。一方、ベトナムとカンボジア住民の濃度レベルは、先進諸国の一般人に比べると低く、他の途上国の住民と同程度でした。

インドの母乳中ダイオキシン類濃度が先進諸国に匹敵するレベルであったことは、注目すべき結果です。ベトナムの枯れ葉剤事件や台湾の油症事件を除けば、これまでダイオキシン類の汚染は先進工業国の問題といわれてきました。しかし本研究の結果は、途上国にも都市ゴミ集積場のようなダイオキシン類の大きな発生源があり、それが土壌やヒトの汚染をもたらしていること、つまり、途上国にもダイオキシン問題が存在することを明確に示しています。

日本や欧米の先進工業国では、高性能焼却施設の普及・改良や化学物質の流通・使用規制強化の効果があらわれ、母乳中のダイオキシン類レベルは低減傾向にありますが、アジア途上国のように、排出源対策が不備な地域では今後さらにダイオキシン類による汚染が進行し、母乳の濃度レベルが上昇することもあり得ます。

乳児のリスク

それでは、母乳を飲む乳児にとっては、このダイオキシン濃度は問題のないレベルなのでしょうか？

私たちは、乳児が摂取する母乳の量からダイオキシン摂取量を推測してみました。体重5kgの乳児は、毎日約700mlの母乳（もしくは人工乳）を飲むと推定されています。この数値と母乳から検出されたダイオキシン類の濃度をもとに、乳児が母乳を通して摂取する一日当たりのダイオキシン類量を見積もりました。そしてその値を、世界保健機関（WHO）が定める耐容一日摂取量（Tolerable Daily Intake：TDI。毎日その量のダイオキシン類を一生涯摂取し続けても、健康に悪影響がないと考えられるレベル）と比較した結果、アジア途上国の母乳の大半は、TDIの上限（4pg-TEQ/kg/day）を超えていることがわかりました。

1～3ヵ月齢の乳児の場合、母乳に含まれるダイオキシン類の吸収率は、高塩素化合物を除けば90%以上と報告されています。※8 また、周産期における高濃度のダイオキシン類曝露は、幼年期の免疫機能に影響を及ぼすことも示唆されています。以上のことから考えると、母乳のダイオキシン汚染と乳児に与える影響は、先進工業国だけでなく、アジアの途上国でも懸念されるレベルに達していると推察されます。

乳児の健康を考えた場合、ダイオキシン類で汚染されていない人工乳を利用することは、そのリスクを軽減する一つの方法であるかもしれません。しかし、母乳には乳児の免疫システムに関わる抗体や糖タンパク、バクテリアやウイルスの活性を抑制するオリゴ糖、ラクトフェリン、リゾチーム、不飽和脂肪酸など、乳児の発達や成長に必要な成分が含まれています。

さらに、途上国では、人工乳の利用に伴う経済的な問題や、使用する水自体が乳児に悪影響を及ぼすこともあり得ます。途上国において望ましいのは母乳の飲用ですが、母乳のダイオキシン類濃度を安全なレベルまで下げるためには母親体内の曝露量を減らすことが肝要なため、アジア途上国の開放型ゴミ集積場では、早急に汚染対策を検討する必要があります。

家畜にも広がるダイオキシン汚染

前述したように、カンボジアとベトナムでは、開放型ゴミ集積場周辺と対照地域住民の母乳中ダイオキシン類濃度に差は見られませんでしたが、インドでは、ゴミ集積場周辺住民が有意に高濃度を示したため（図1-6）、インドには特異的なダイオキシン類の曝露ルートがあるものと考えられました。

ちなみに先進諸国の場合、ヒトのダイオキシン類曝露は、魚、畜肉、卵、乳製品などの動物性食品経由が98％以上を占めており、大気からの曝露量はわずか1・1％と推定されています。[※9] そのため私たちは、インドの開放型ゴミ集積場周辺住民についても、大気以外からのダイオキシン

図1-8　インド都市ゴミ集積場の牛と搾乳に従事する住民

類曝露量が多いのではないかと考えました。

現地をよく観察していたところ、インドでは、カンボジアとベトナムとは異なり、ゴミ集積場で、多数の牛が飼育されていることに気が付きました。そして周辺住民は、これらの牛から搾った牛乳を常時飲用していることが明らかとなったのです（図１-８）。このことから、ゴミ集積場内で飼育されている牛がダイオキシン類の曝露を受け、その牛乳を飲むことにより、周辺住民がダイオキシン類に汚染されている可能性が考えられました。

そこで私たちは、インドのゴミ集積場内と対照地域で飼育されている牛から搾った牛乳のダイオキシン類汚染を調査しました。すると予想したとおり、ゴミ集積場の牛から搾った牛乳から相当量のダイオキシン類が検出され、対照地域と比べると明らかな高値を示すことがわかったのです（図１-９）。この結果より、インドにおいては、ゴミ集積場で飼育されている牛の牛乳が、周辺住民への主要なダイオキシン類曝露源であることが示唆されました。

ヒンドゥー教徒の多いインドでは、牛は神聖視されており、牛肉

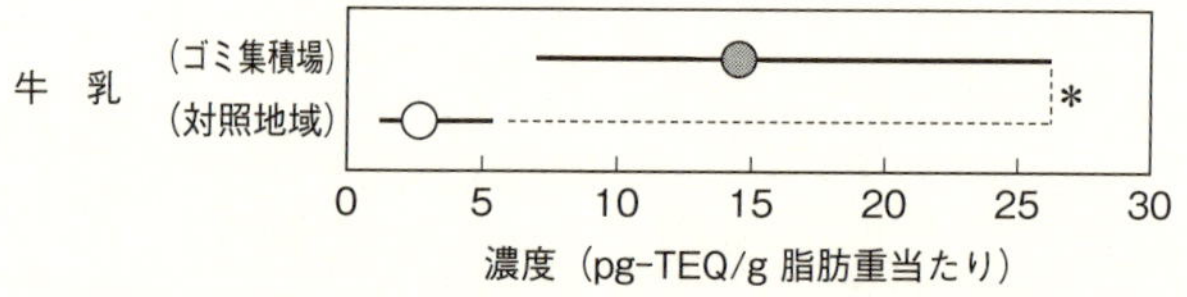

図1-9 インドのゴミ集積場および対照地域から採取した牛乳中ダイオキシン類濃度の比較（○は中央値、バーは濃度範囲、＊は統計的有意差を示す）

を食べる住民は少ないのですが、ヒンドゥー教徒でも牛乳を飲むことは許されており、貴重なタンパク源になっています。日々の食事に占める乳製品の割合も高く、成人においては、毎日176gの牛乳を消費していると報告されています。[※10] これは、日本の87g（日本乳業協会の2012年資料では、日本人一人当たりの年間消費量は32kgと試算されており、これより一日当たりの消費量を計算しました）と比較するとかなり多い量です。そこで、牛乳中ダイオキシン類濃度をもとに、成人（体重を60kgと仮定）の一日当たりのダイオキシン類摂取量を求めてみました。その結果、ゴミ集積場の牛の牛乳を飲んでいる場合は、WHOが定めるダイオキシン濃度の耐容一日摂取量（1～4pg-TEQ/kg/day）と同等、あるいはそれ以上の値を摂取しているものと見積もられました（図1-10）。

一連の研究により、今回調査したインドのみならず、開放型ゴミ集積場内における家畜の飼育が一般化しているような途上国においては、家畜をとおしたヒトのダイオキシン類汚染が、今後深刻化する可能性があることが示唆されました。

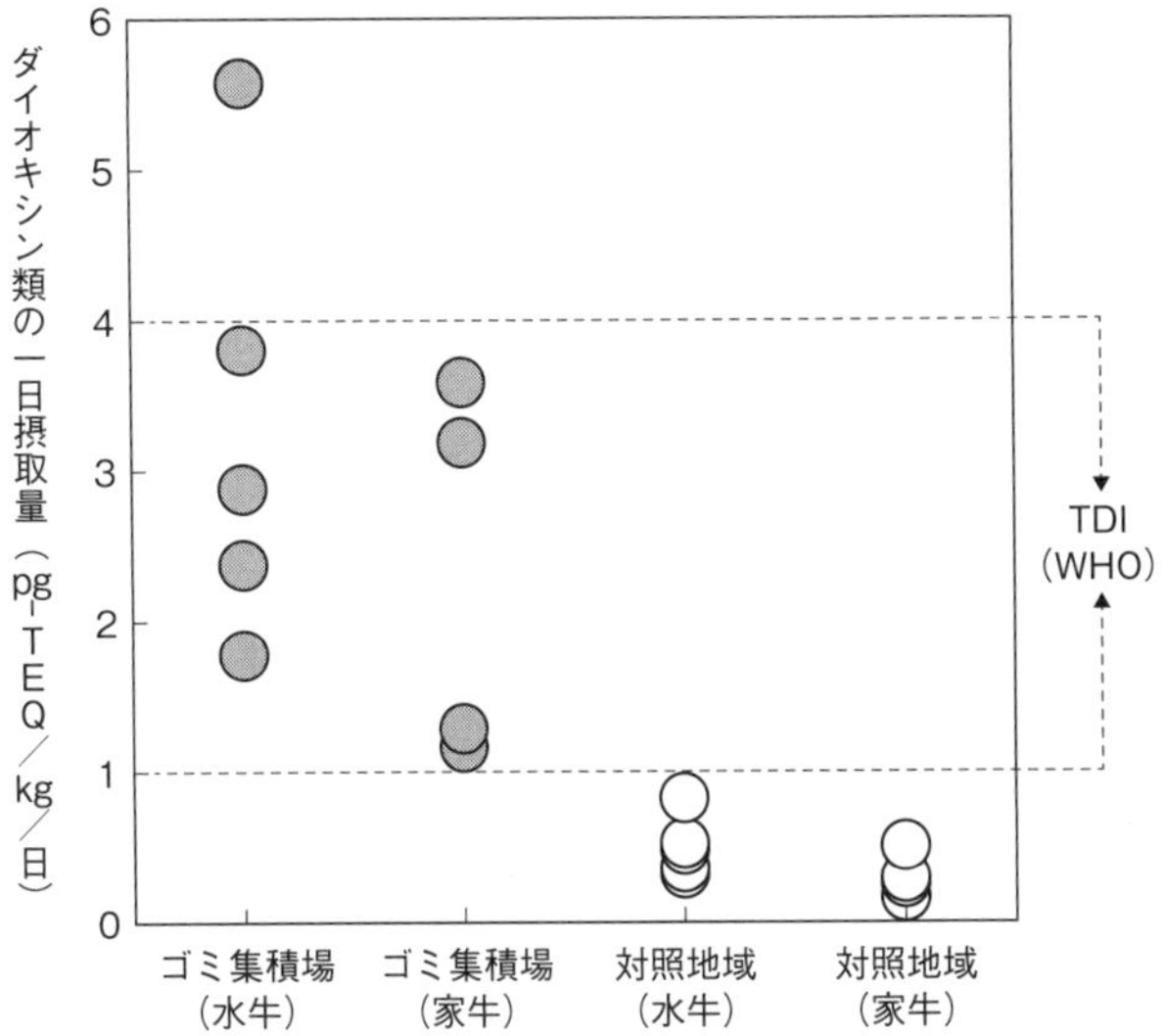

図1-10　インドのゴミ集積場および対照地域で採取した牛乳からのヒトの一日当たりダイオキシン摂取量

ゴミ集積場が有害物質の貯蔵庫に

私たちの研究グループが近年実施した調査から、アジアの途上国の都市に存在する開放型ゴミ集積場は、ダイオキシン類の発生・集積源になっていることが明らかになりました。

さらに集積場内の土壌から検出されたダイオキシン類の濃度と組成、そしてフラックス（移動量）解析からは、インドやフィリピンのように稼働年数が長く広大な面積を擁する開放型ゴミ集積場は、有害化学物質の「リザーバー」（貯蔵庫）としても機能しているようです。

途上国の多くは、いまだダイオキシ

ン類の汚染対策や法的規制の整備が不十分であることから、今後も、開放型ゴミ集積場からのダイオキシン類の排出は継続することが予想されます。前述したグラスホッパー効果により、こうした有害化学物質の一部（ダイオキシン類の一部は、きわめて移動拡散性が乏しく粒子吸着性が高いため、長期間発生源に留まります）は、大気経由で熱帯域から高緯度地域に移動します。つまり、この問題は途上国のみならず、先進国にとっても切実な問題であるといえます。さらに言えば、人類のみならず、海生哺乳動物をはじめとする生態系にも重大な影響を及ぼしかねない問題です。まさに、不都合な物質が地球をめぐっているわけです。早急な発生源対策が切に求められます。

（田辺信介　愛媛大学沿岸環境科学研究センター長・特別栄誉教授）
（国末達也　愛媛大学沿岸環境科学研究センター教授）

第2章
マイクロプラスチック「不都合な運び屋」

世界の海に拡散するマイクロプラスチック

最近、北極から南極にいたる海全体に、直径5㎜以下のマイクロプラスチックと呼ばれる、小さなプラスチックの破片や粒が浮いていることがわかってきました。図2-1は、日本列島から約1000㎞離れた太平洋上で気象庁が採取したマイクロプラスチックの写真です。こうしたマイクロプラスチックは、海に浮いているだけでなく、陸から遠く離れた海に棲む魚や貝の中からも見つかっており、生態系に与える影響も懸念されています。

このマイクロプラスチックには添加剤としてさまざまな化学物質が含まれており、その中には有害なものもあります。さらにマイクロプラスチックは、もともと含まれていた有害な化学物質だけでなく、海水中に存在するPCB等の親油性の有害化学物質を吸着し、それらを生物体内に運び込むのではないかと懸念されています。まさに、「地球をめぐる不都合な物質」の代表です。

海洋に拡散したマイクロプラスチックの量は増加の一途をたどっており、国際条約で規制を行うことまで検討され始めています。本章では、世界的に注目を集めているマイクロプラスチックによる海洋汚染について考えてみましょう。

地球をめぐる不都合な運び屋の源

マイクロプラスチックは、もともとはレジ袋、コンビニの弁当箱、ペットボトルの蓋、お菓子のパッケージなどのプラスチックゴミ（以下プラゴミ）です。

プラスチック製品の大半は石油から作られていますが、石油をそのまま固めてできたわけではなくて、石油にさらにエネルギーを投入して化学合成されています。現在、全世界で年間約4億トンのプラスチックが生産されていますが、[※1]これだけの量を製造するには、世界の石油年間産出量の8%が必要といわれています。このうちの半分、す

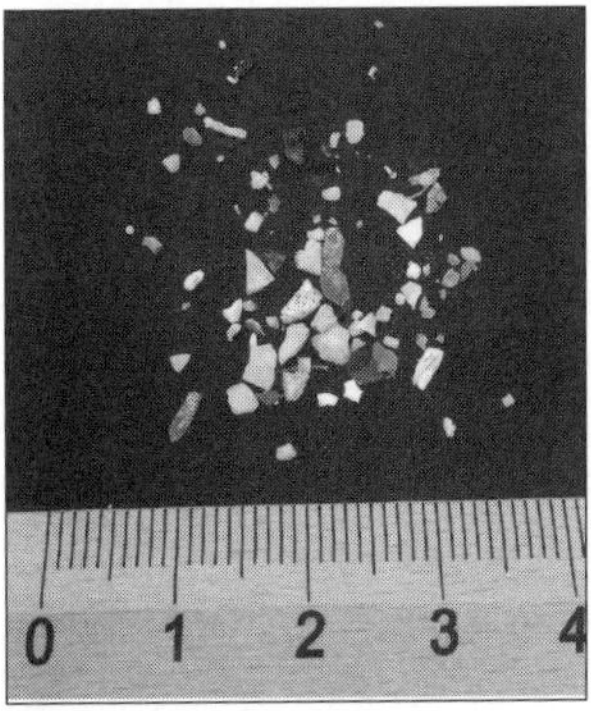

図2-1
日本列島から1000km離れた太平洋上で気象庁が採取したマイクロプラスチック

なわち石油産出量の4%がプラスチックの原材料として使われ、残りの半分がプラスチックを作るためのエネルギーとして消費されています。

プラスチック製品の用途別に見ると、4億トンの約半分が容器・包装などに使われています。これらは、いわゆる「使い捨て製品」で、繰り返し使われることもほとんどないため、すぐにプラゴミになります。代表的なものがレジ袋です。日本では、全国で年間約300億枚ものレジ袋が消費されています。その他にも、ペットボトル、食品のパッケージ、コンビニの弁当箱などの大半がプラスチック製です。これらをまとめていくと、日本では、1世帯で一日当たり約数百グラムのプラゴミが発生する計算になります。

プラゴミは、きちんと処理されていれば海には入ってきません。残念ながらポイ捨てしたもの、ゴミ箱からあふれたもの、風で飛ばされたもの、カラスやネコなどの動物にいたずらされて散乱したものがめぐりめぐって、最終的には海に流れ着きます。

海のプラスチック汚染と聞くと、海辺に遊びに行った人が置いていったゴミが原因と考える方が多いのですが、それはごく一部にすぎません。海洋を汚染しているプラスチックの大半は、私たちが日常生活で使ってゴミになったプラスチックに由来しています。それらが雨や風で川に入り、最終的に海に流れ着きます。世界中の海を汚染しているマイクロプラスチックは、もとをたどれば、陸上に住む私たちの日常生活から生み出されたものなのです。

図2-2　荒川河川敷のプラゴミ（2016年5月撮影）

日本はリサイクルが進んでいるので、海に出ていくプラスチックは少ないのではと思われるかもしれませんが、そんなことはありません。図2-2は、東京の荒川河口から3km遡った河川敷の風景です。散乱するプラゴミの大部分がペットボトルです。リサイクル率が85%と非常に高いペットボトルでさえ、この有り様なのです。

いくらリサイクル率が高くても、ペットボトルのように使用量が莫大《ばくだい》になると、大量のプラゴミが発生してしまいます。100%のリサイクル率でなければ、プラゴミは排出され続けるのです。プラスチックはなかなか分解されず、残留性が高いうえに、軽く、水に浮いて運ばれるので、ひとたび海に出ると、世界中の海に拡散してしまいます。このことが問題を深刻にしています。

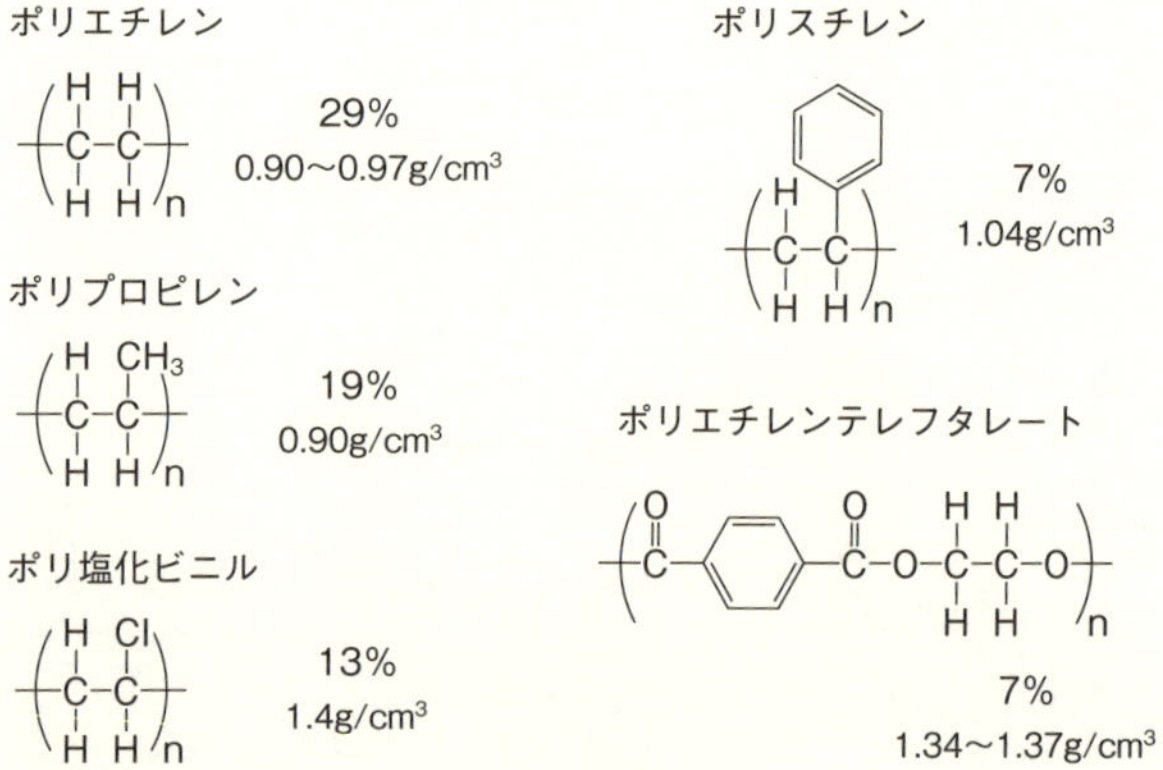

図2-3 主要なプラスチックの生産量割合と密度

さまざまな用途のプラスチック製品がプラゴミに

ひとくちにプラスチックといっても、いろいろな種類のものがあります。プラスチックは石油から作った高分子（ポリマー）から作られています。高分子には、ポリエチレン、ポリプロピレン、ポリスチレン、ポリエチレンテレフタレート（ペット）、ポリ塩化ビニル（塩ビ）などがあります（図2-3）。この5つのポリマーで、プラスチック全体の生産量の7割程度を占めています。

このうち、ポリエチレン、ポリプロピレンは比重が1より小さく、水に浮きます。

これに対して、ポリスチレンは、比重はわずかに1より大きいのですが、主に発泡スチロールとして使われ、気泡を含むので水に浮きます。同様にペットも比重は水より大きいのですが、ペットボトルの形状になると、ボトルに空気が入っていれば水より比重が軽くなるので、浮いて運ばれます。このように、私たちが使うプラスチック製品の多くは水に浮くため、海流や風の流れに乗り、遠くに運ばれてしまうのです。

図2-4は、ハワイ島のカミロビーチの写真です。周りに人がほとんど住んでいないのですが、砂浜にはたくさんのプラスチックが打ち上げられています。その中にはハワイ島で発生したものもありますが、日本語・中国語・ハングルが書かれているものもあります。東アジアで発生したプラゴミが太平洋を渡り、遠くハワイまで運ばれているのですから驚きます。

図2-4
ハワイ島、カミロビーチに漂着したプラゴミ

プラスチックは海の表面を長い間漂っているうちに、紫外線や波の力で劣化して小さくなっていきます。プラスチック製の洗濯ばさみを使っていると、1年もしないうちに折れてしまうことがありますが、これはプラスチックが紫外線によって劣化しているからです。海の上では紫外線を遮るものがないので、プラスチックの劣化が進みます。

詳細な説明は控えますが、海洋物理の法則で、大きさが5㎜を超える比較的大きなプラスチック破片は、風の力を受けやすく、海岸に打ち上げられていきます。プラスチックが流れ着いた海岸では、海面以上に高温になり劣化が加速するため、5㎜以下のマイクロプラスチックが大量に発生します。サイズが5㎜以下になると、風の力を受けにくくなり、今度は海岸から沖合に運ばれやすくなります。このようにプラゴミが打ち上げられた海岸が、マイクロプラスチックの生成場所になっているのです。

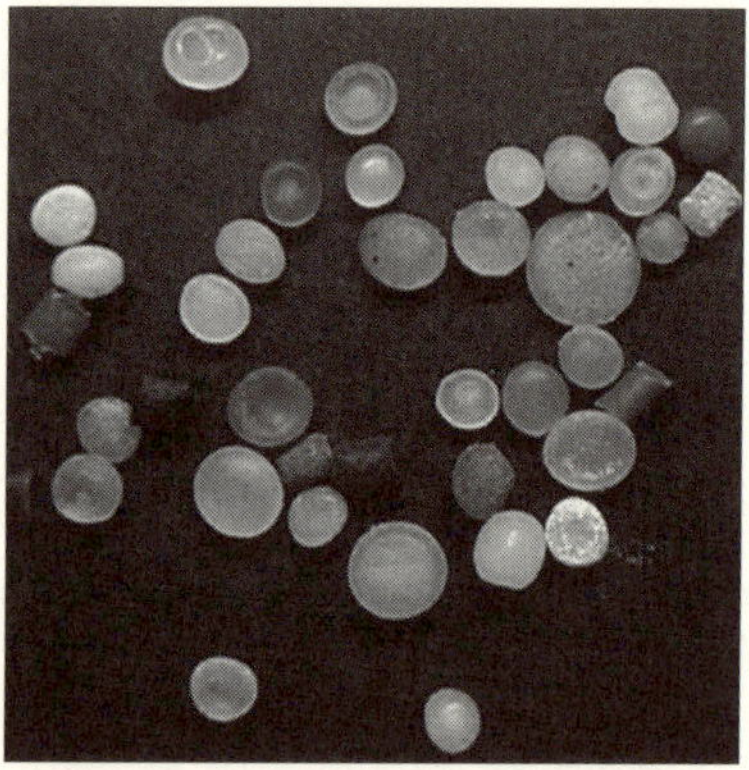

図2-5 プラスチックレジンペレット

フリースの洗濯もマイクロプラスチックの負荷源

実はマイクロプラスチックには、プラスチック製品の劣化以外にも、さまざまな発生源があります。[※2] 例えば、レジンペレットは昔から知られている発生源の一つです。レジンペレットは、円盤状、円柱状、あるいは球状の直径数㎜のプラスチック粒で（図2-5）、プラスチック製品の中間原料です。通常、化学工場で石油からプラスチックが合成される際は、まずはこのレジンペレットの形で合成されます。

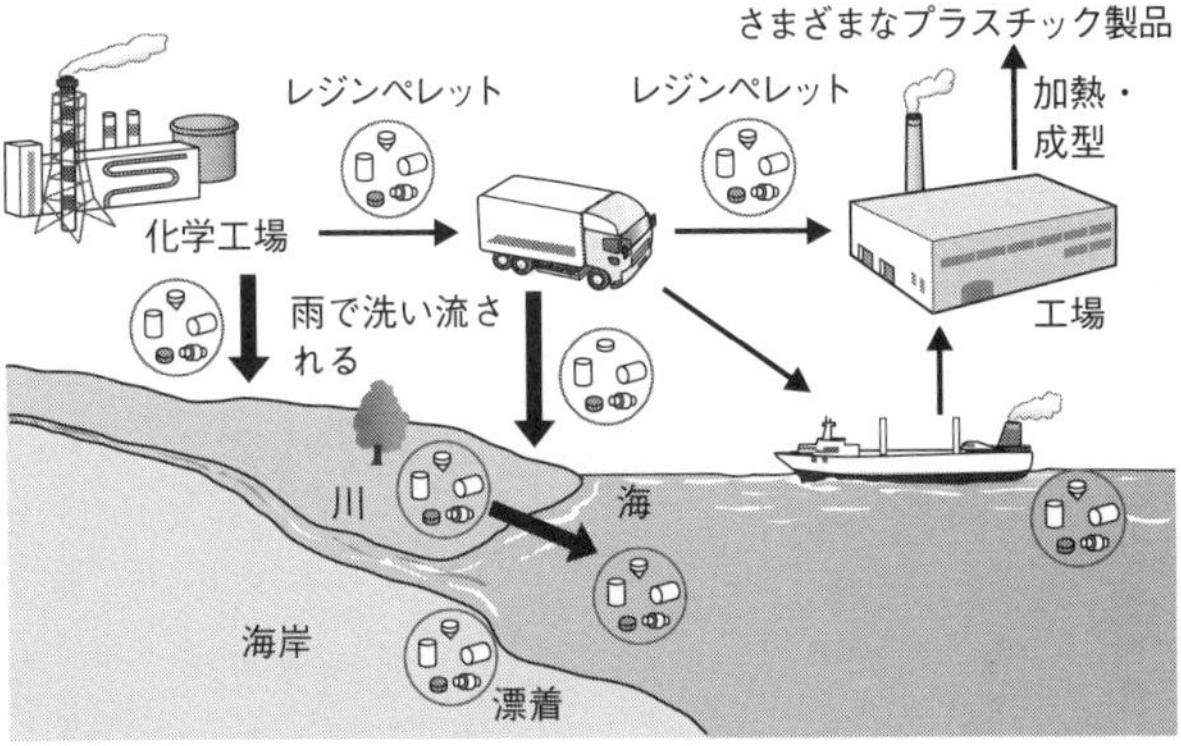

図2-6　レジンペレットがなぜ海岸に漂着するのか？

レジンペレットは、袋詰めされて成型工場へ運ばれ、そこで型に入れられ加熱成型されたうえで、さまざまなプラスチック製品となります。しかし、工場間での輸送や取り扱いの過程で、一部のレジンペレットが環境中に漏出しています。地面や路面にこぼれたレジンペレットは雨で洗い流され、水路、河川を経て最終的に海洋へ運ばれます。そして海洋を漂流しているレジンペレットの一部は、海岸に漂着します（図2-6）。

レジンペレットはコンテナ船で海上輸送される場合もあり、コンテナの脱落事故等により、レジンペレットが直接海へ流れ出す場合もあります。2012年の7月に香港でレジンペレットを運ぶコンテナが船から落下する事故があり、香港の海岸にレジンペレットが数cmの層をなして漂着したこともあります。

海洋環境中のレジンペレットの存在は、1972年にサルガッソー海で初めて報告されました。[※3] プラスチックの生産量の増加と分解されにくい化学的安定性のため、世界の海洋中の漂流量は増加し、レジンペレットは世界中の海岸に漂着しています。

また、1㎜以下の球状のプラスチック粒、マイクロビーズもマイクロプラスチックの一種です。スクラブ（磨き粉）として、数百㎛（㎛は1000分の1㎜）くらいのマイクロビーズが配合されている化粧品や洗顔料があります。これらのマイクロビーズは、洗顔の際に排水の中に入っていき、下水道や河川を通して最終的に海に流入していきます。

さらに、ポリエステルやナイロンなどの化学繊維の衣服を洗濯するときに発生する洗濯くずもマイクロプラスチックの発生源になります。1着のフリースを洗濯機で洗うと、1回で2000本の小さなプラスチックの繊維が発生するとの報告もあります。

ポリウレタン製やメラミンフォーム製のスポンジやアクリルたわしも、使っているうちに削れて小さくなります。削れて小さくなったスポンジやたわしの断片はどんどん排水に流れていき、これも海のマイクロプラスチックの一つの起源となります。メラミンフォーム製のスポンジは洗剤不要できれいになると重宝されていますが、実はこのスポンジはよく削れます。つまり、洗剤を使わないので環境にやさしいと思いきや、削れて発生したマイクロプラスチックが環境を汚染しているのです。環境保護を考えるなら、セルロース性などの天然素材のスポンジを使うべきです。

これまで説明したマイクロビーズ、洗濯くず、スポンジくずは、いずれも排水として下水処理場に流入し、下水処理を受けます。プラスチックは微生物分解されることはありませんが、他の粒子とともに沈殿することにより、除去されます。マイクロプラスチックの大きさや形状によりますが、95〜99％のマイクロプラスチックは通常の下水処理で除去されます。しかし、除去率は100％ではありませんので、下水処理水中からもマイクロプラスチックが検出されます。

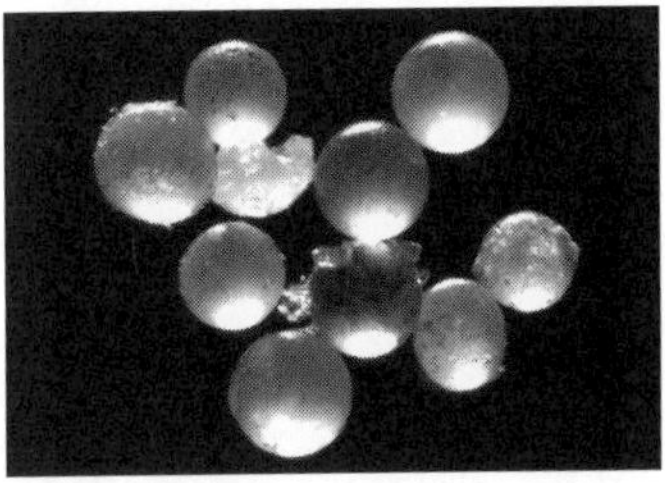
図2-7　東京湾海水中から検出されたマイクロビーズ

流域人口50万人程度の東京都の下水処理場の放流水を測った結果では、一日当たり10億個程度のマイクロプラスチックが多摩川に放流されていることがわかっています。その半分程度は破片で、残り半分は化学繊維です。

さらに、雨が降ると、排水が下水処理場に運ばれずに、雨水と一緒に川や海に放流される場合があります。これを、雨天時越流水と呼びます。雨水と汚水を同じ管で流す合流式下水道方式が採用されている流域で起こります。東京や大阪など、古くから下水道が普及した地域は、この方式をいまも採用しており、実際、東京湾流域では、流域人口の半分程度が今もこの方式で下水を排水しています。そのような地区では、雨が降ると、マイクロプラスチックが下水処理場を通らずに直接川や海に放流されてしまいます。つまり、現行の下水処理システムでは、完全にマイクロプラスチックを取り除くことはできません。実際に、東京湾でもマイクロビーズが検出されています（図2-7）。

世界の海をめぐるプラスチック、そして日本にも

さまざまな発生源から海に供給されたプラスチックがどこにどれくらい漂っているかを調べる航海調査が、21世紀に入る頃から本格的に行われてきています。2012年までに行われた調査結果をもとに、まとめたものが図2-8です。[※2] モノクロなのでわかりにくいと思いますが、地中海や黒海、中東からインド・東南アジア・中国・日本に至るユーラシア大陸の南岸の人口集積地の沿岸域で、海を漂っているプラスチックの量が多いことがわかります。

図を見ると、陸から離れた外洋にも何ヵ所かプラスチックが溜まっている場所があります。北太平洋、南太平洋、北大西洋、南大西洋、インド洋の5ヵ所です。

海には大小さまざまな水の流れがありますが、地球規模で見ると海の中を大きな海流が環状に流れています。これを環流（gyre）といいます。環流の真ん中は、風と流れがなく物が溜まりやすい場所となっています。陸から遠く離れた海洋の中心部にプラスチックが溜まるのは、そこが

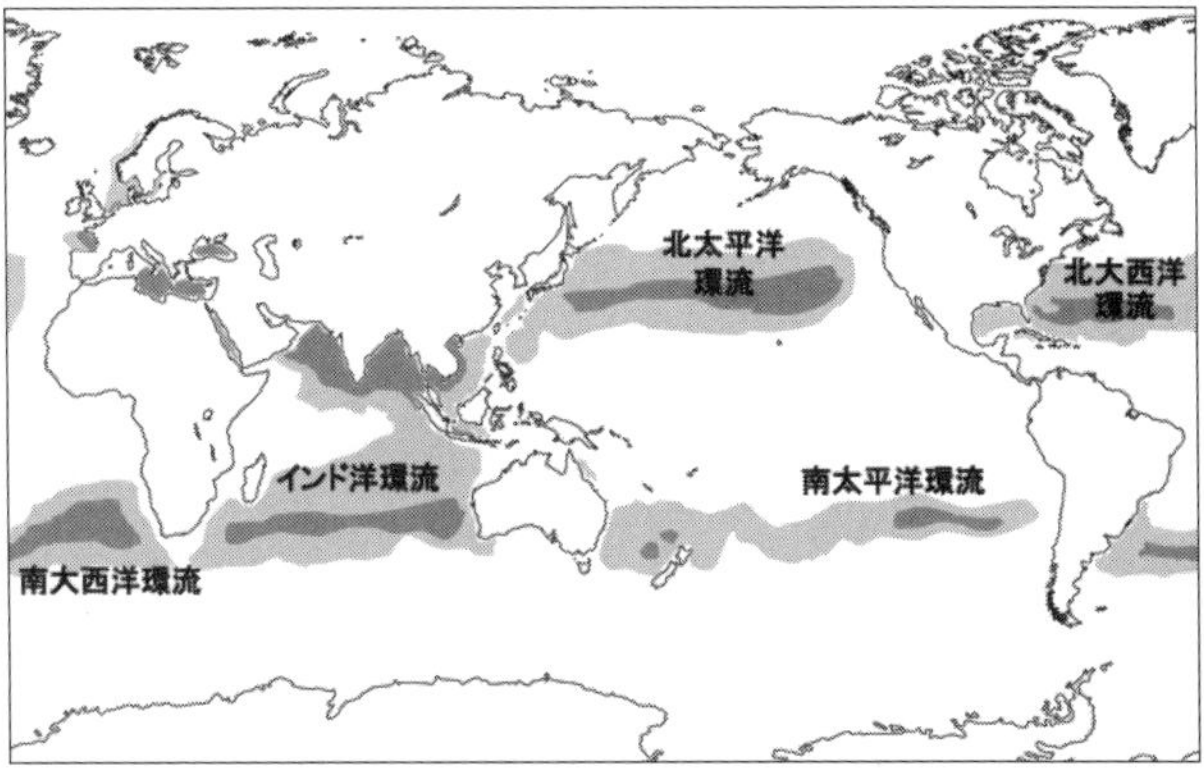

図2-8　世界の海を漂っているプラスチックの分布密度

環流の中心部であるからです。

世界の海には、50兆個以上ものプラスチックが漂っていると試算されています。重さにすると、実に27万トンものプラスチックが海を漂っているのです。

最近、日本周辺の海で、マイクロプラスチックによる汚染がどれだけ進んでいるかを調べる共同調査が行われました。環境省、九州大学、東京海洋大学の研究者が参加した大規模調査です。その結果、日本近海にも大量のプラスチックが漂っていることがわかってきました。日本が大量にプラスチックを使っていることと、黒潮の流れで、中国南部や東南アジアからプラスチックが運ばれてきていることなどが要因だと考えられます。

マイクロプラスチックは、海面に浮いているものだけではありません。海底にも蓄積しています[※4]。もともと水よりも軽い、ポリエチレンやポリプロピレンなどのマイクロプラスチックも海底堆積物中に蓄積しています。これは、比重が海水よりも小さく、浮いているはずのプラスチックであっても、生物膜が付着すると沈みやすくなるからです。特に㎛サイズのマイクロプラスチックなど、より小さいサイズになればなるほど体積に対する表面積の比率が増え、表面に付着した（比重が1より重い）生物膜の影響をより強く受けるため、沈降し堆積物へ取り込まれます。

水より比重が大きいポリマーであれば、海底に堆積するのは当然で、実際、地中海の水深1000m近い深海にペットボトルが沈んでいます。光もあたらず、水温も低いので、劣化もせずに、製品の形で沈んでいます。

一方で、海底に堆積したマイクロプラスチックから生物膜がはずれ、再び軽くなり、海面へ再浮上することも考えられます。表面に浮上したマイクロプラスチックには再び生物膜が付着し、再沈降・再浮上を繰り返します、すなわち、ヨーヨーのようにマイクロプラスチックが海の表面と海底を行ったり来たりしている過程が考えられます。もっとも堆積物へのマイクロプラスチックの蓄積は確かめられていますが、その再浮上・再沈降（ヨーヨーメカニズム）はまだ仮説の段階であり、実測による検証が必要です。[※4]

海の生物がプラスチックを食べてしまう

海を漂っているプラスチックの一番の問題は、生物が餌と間違えて、あるいは餌と一緒にプラスチックを食べてしまうこと、すなわち誤飲する、摂食する、取り込むことです。[※5]

ミッドウェー島のアホウドリが大量のプラスチック破片を餌として雛《ひな》に与えた結果、胃袋にプラスチックが溜まって幼鳥が死んでいることは、鳥類学者の間では以前から知られていました。

私たち東京農工大学の研究グループは、北海道大学大学院・水産科学研究院の綿貫豊教授との共同研究でハシボソミズナギドリという海鳥の調査を行っています。

ハシボソミズナギドリは体重500gくらいの海鳥で、南半球のタスマニアから北半球のベーリング海の間の渡りをすることで知られています。その鳥が北半球のベーリング海に来たときに漁業用の流し網に引っ掛かって死んでしまったものを許可を得て解剖して胃の中を調べてみました。ちなみに試料は2005年に採取されたものです。現在はこのような漁法は行っていません。

解剖した胃の写真を図2-9に示します。海鳥には、胃の下部に砂囊《さのう》という器官があります。砂囊には砂や小石が入っていて、食べ物をすり潰して消化を助けます。

解剖調査したハシボソミズナギドリの砂囊には、砂だけではなく多数のプラスチックも入っていました。調べた結果、12羽すべてのハシボソミズナギドリの胃の中からプラスチックが見つかったのです。

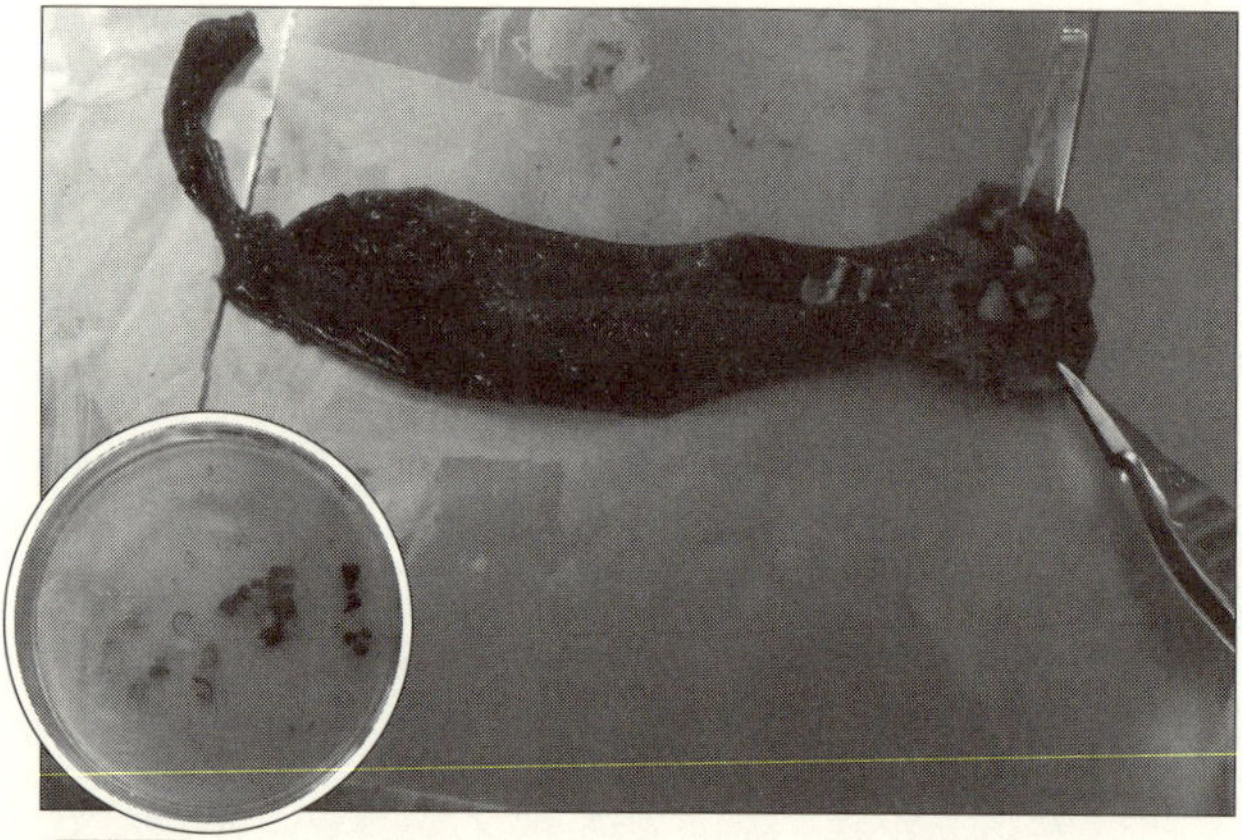
図2-9　ベーリング海のハシボソミズナギドリの消化管の解剖

図２-10にある写真は、それぞれが１羽の鳥の胃の中から出てきたものを示しています。一羽当たり０・１〜０・６ｇのプラスチックが検出されました。

これをヒトに換算してみましょう。鳥の体重は約５００ｇですから、私たち人間の体重を50kgと仮定すると、０・６ｇの１００倍の60ｇのプラスチックが私たちの胃の中にあることになります。60ｇはＭサイズの卵１個分程度の重さに相当します。

それだけのプラスチックが胃の中にあると想像してみてください。本来食べ物が入るところに、消化できないものが入ってくるので食べ物を十分摂《と》ることができず、消化不良、あるいは栄養失調になる可能性もあります。

プラスチックの中には尖《とが》っているものもありますので、胃や腸の中を傷つけるかもしれません。後述

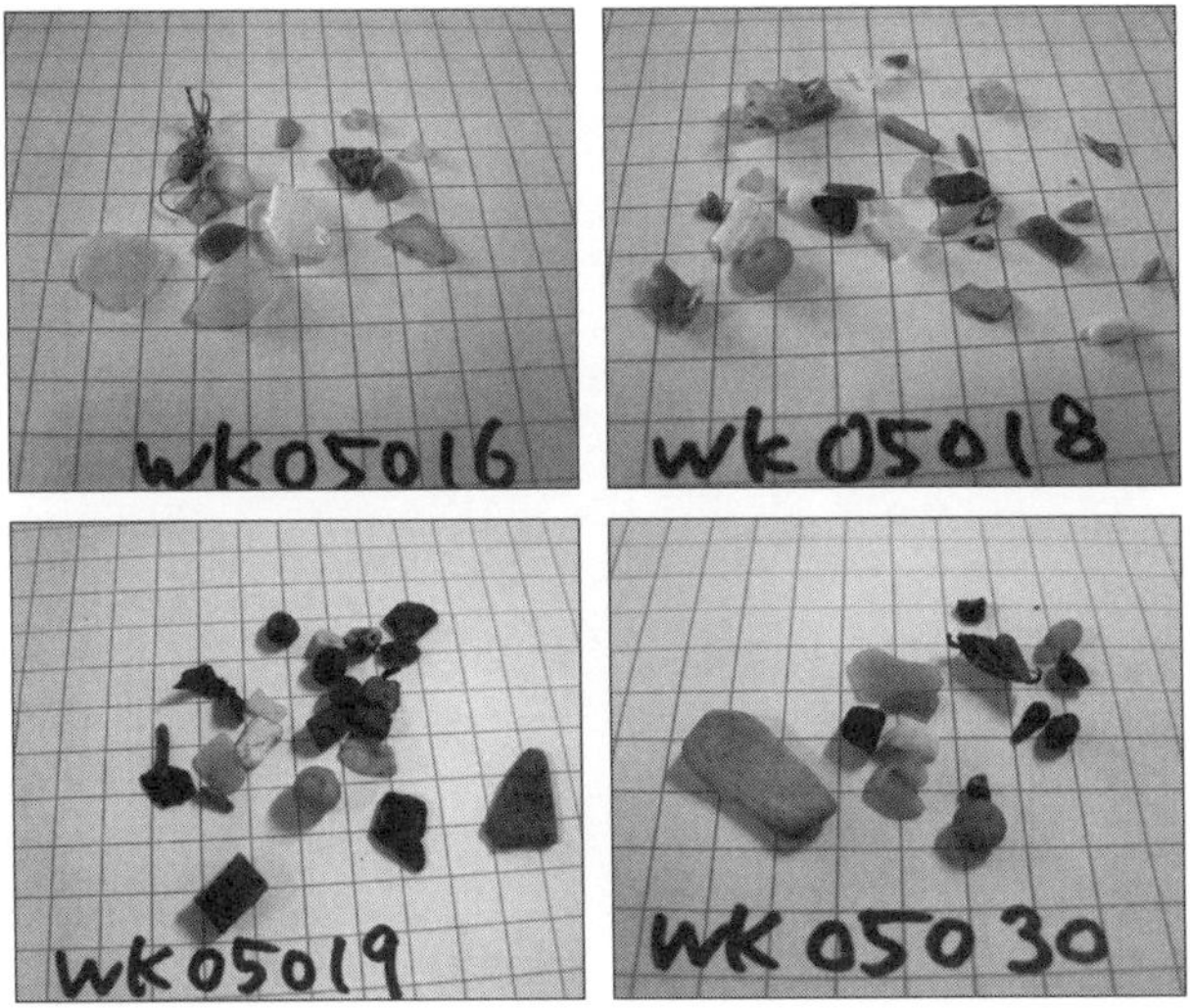

図2-10 ハシボソミズナギドリの消化管から検出されたプラスチック

しますが、プラスチックに含まれているいろいろな化学物質が溶け出してきて、体内で環境ホルモンとして振る舞い、生殖活動などに影響を与える可能性もあります。

プラスチックの大量生産が始まった1960年代以降、さまざまな海鳥でプラスチックの摂食が調べられてきました。ハシボソミズナギドリについては、1970年に調べた時に、約半数の個体からプラスチックが検出されました。その後1980年には、すでに100%の個体からプラスチックが検出されたと報告されています。[※5] このように生物によるプラスチックの取り込み頻度は年々高まっています。これまでのすべての報告結果から、いま地球上のすべての海鳥を調べたと仮定すると、約90%の個体からプラスチックが検出されるとの推定もあります。

　海鳥を例に挙げましたが、他にもウミガメ、クジラ、さらには魚など、２００種以上の海洋生物からプラスチックが検出されています。当然、摂食したプラスチックによる物理的なダメージもあります。ハシボソミズナギドリと同様に、本来食べ物が入るところにプラスチックが入ってしまうので、栄養を十分に摂れない、あるいは、消化管の内壁を傷つけてしまうことが既に報告されています。

　大きなプラスチックのゴミは、海鳥、クジラ、ウミガメのような比較的大きなサイズの生物に取り込まれていますが、小さくなったプラスチックは、そのサイズに応じて、今度は小さいサイズの生物に入っていくことになります。具体的には、二枚貝、ゴカイ、アミ類やカニなどです。

　食材として人気のあるベルギー産のムール貝やフランス産のカキからマイクロプラスチックが見つかったことも報告されています。中国の沿岸でいろいろな種類の二枚貝を調べた調査では、いずれの地点でも消化管の中からマイクロプラスチックが検出されています。

　野外で採取した貝からマイクロプラスチックが見つかっているのですから、当然、食用として流通している魚介類からもマイクロプラスチックが検出されるはずです。実際、アメリカの研究者がアメリカとインドネシアのマーケットで買った魚介類について調べてみたところ、いずれもマイクロプラスチックが検出されたと報告されています。

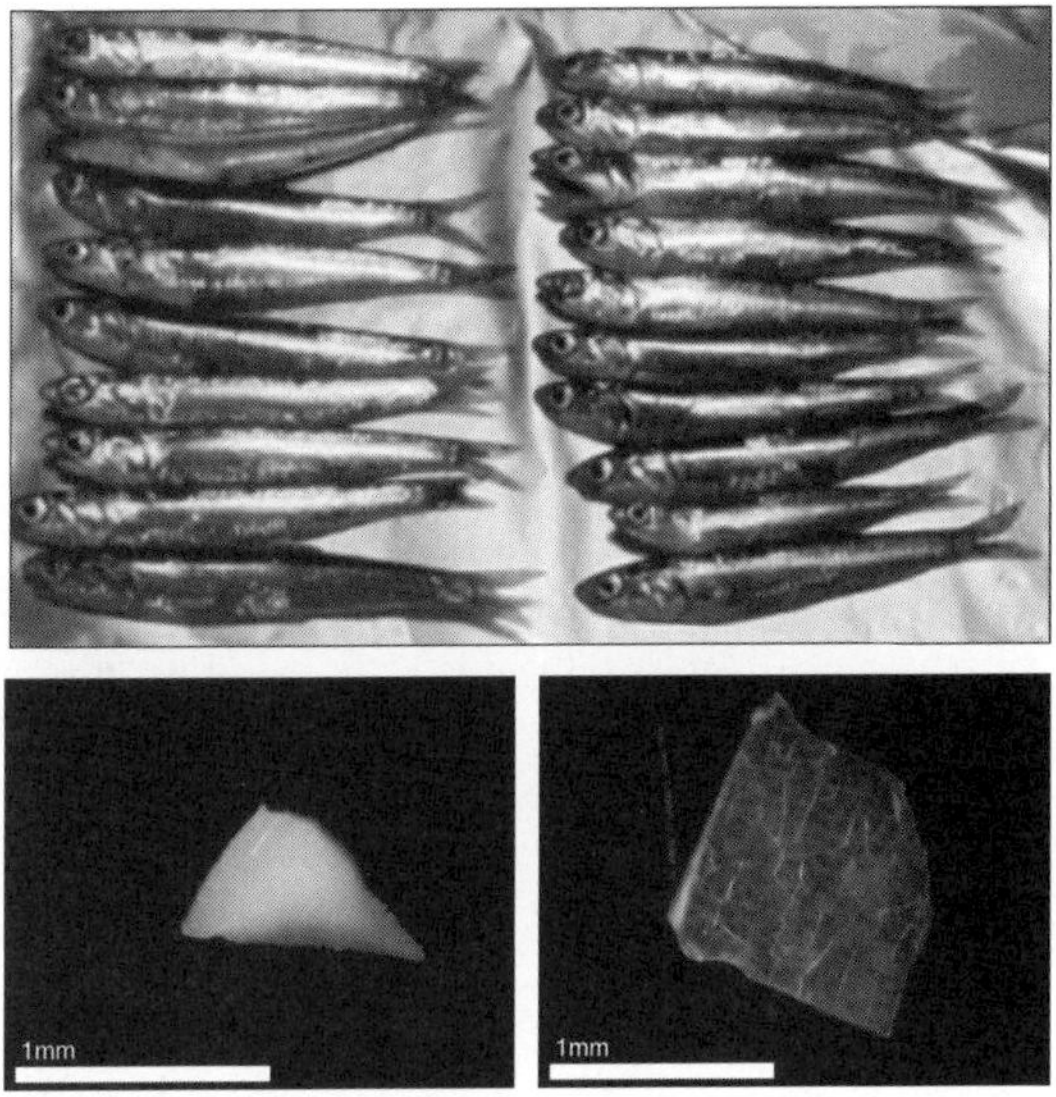

図2-11 イワシ（写真上段）の体内から検出されたマイクロプラスチック。写真下段左はポリエチレン破片、右はポリプロピレン破片

魚介類によるマイクロプラスチックの取り込みが実際に日本でも起こっているかを確認するために、私たち東京農工大学の研究グループは、東京湾で釣ったカタクチイワシを調べてみました。長さ10〜12㎝の64尾の消化管・胃・腸の内容物を取り出してアルカリで分解し、溶けずに浮いてきたプラスチックを測定した結果、80％に相当する49尾から、1個以上のプラスチックが見つかりました。中には、大きさ数百㎛のプラスチックを取り込んだ個体もありました（図2-11）[※6]。

平均で1尾当たり2〜3個、最大で1尾当たり15個のプラスチックが検出され、その中にはポリエチレンやポリプロピレンの破片、中にはマイクロビーズも見つかりました。

このサイズのプラスチックであれば、人間が食べても排泄されるので、プラスチックが含まれた魚介類を摂取したからといって、ただちに重大な健康被害をもたらすわけではありません。

しかし、こうしたマイクロプラスチックには、人体に有害な汚染物質が含まれていることが問題になります。これについては後述します。

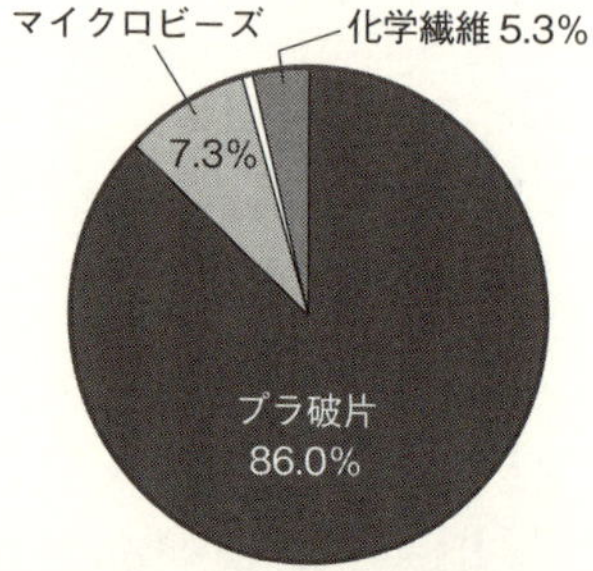

図2-12 イワシから検出されたマイクロプラスチックの形態別割合

図2-12に、東京湾のカタクチイワシから検出されたマイクロプラスチックの形態別の割合を示します。マイクロビーズは7・3%、化学繊維は5・3%で、86%はプラスチックの破片でした。

マイクロビーズや化学繊維は、魚の体内から出てくるマイクロプラスチックの一部にすぎません。つまり、マイクロビーズや特定の化学繊維だけを規制すれば問題が解決するわけではないのです。プラスチック製品の破片が海に入らないようにする、すなわち、陸上での使い捨てプラスチックの規制や廃棄物管理の強化をしないと、問題は解決しません。

不都合な運び屋に運ばれる不都合な物質

繰り返し説明しているとおり、プラスチックは生物にとっては異物になりますので、サイズによっては、プラスチックが内臓を傷つけるなどの物理的な悪影響を与えます。マイクロプラスチックも小さな生物に物理的な異物として作用します。微細なポリスチレン微粒子をカキに曝露すると再生産能力が低下したことや、ワムシの抗酸化酵素の誘導などが報告されています。[※2]

世界の海を漂っているプラスチックは、単なる物理的に不都合な物質にとどまりません。物理的な悪影響に加えて、懸念されるのが、プラスチックに含まれている化学物質です。海洋に漂うプラスチックには、100種類以上の不都合な物質、有害化学物質が含まれています。これらは大別すると、2つのグループに分けられます。[※7] 1つ目のグループは、添加剤としてもともとプラスチックに加えられているもの、2つ目のグループは、海水中からプラスチックに吸着してくるものです。

まずは1つ目のグループについて説明します。プラスチックは、石油から作られるポリマーから作られていると述べましたが、そのポリマーだけではなかなか目的とする機能を維持、発揮することができません。そこでさまざまな目的で多種多様な添加剤が加えられています。

例えば、多くの製品には、プラスチックを軟らかくするための添加剤や紫外線による劣化を防ぐ化学物質が添加されます。さらには、プラスチック製品どうしがくっつかないようにするための添加剤が加えられる場合もあります。また高温高熱の場所に使われるプラスチック製品の場合は、燃えないようにするための難燃剤が加えられます。実際のところ、添加剤の入っていないプラスチック製品を探すことのほうが困難です。

こうした添加剤の中には、人体に有害な性質を持つ化学物質もあります。私たちの身近なところにあるプラスチックから検出される有害な添加剤をいくつか紹介しましょう。プラスチックの添加剤あるいは添加剤が分解してできた物質に、ノニルフェノールがあります。この化学物質は、ヒトの体内あるいは野生生物の体内に入ると、女性ホルモンのように振る舞うことによって内分泌系をかく乱します。プロローグでも取り上げたいわゆる環境ホルモンの一種です。内分泌系がかく乱されるとホルモンに関係するような病気が起こりやすくなることがわかってきています。

アメリカのタフツ大学アナ・ソト博士は、実験に使うプラスチックチューブから溶け出したノニルフェノールが、ヒト乳がん細胞の異常増殖を引き起こした、すなわち、ノニルフェノールが内分泌系をかく乱したことを明らかにしています。[※8] 水環境中では、ノニルフェノールは魚の生殖異常を引き起こすことも明らかにされており、そのため日本では環境基準も設定されています。

ノニルフェノールはペットボトルの蓋などに使用されています。私たちが、日本を含めていろいろな国のペットボトルの蓋を集めてノニルフェノールを測定してみたところ、調べた国の約半数の国の蓋で検出されました。日本のミネラルウォーターのボトルの蓋からは検出されなかったのですが、炭酸飲料の蓋からはノニルフェノールが検出されました。※9

このノニルフェノールは添加剤の中のほんの一種にすぎません。ペットボトルの蓋を調べると、これ以外にもフタル酸エステル類、ベンゾトリアゾール系およびベンゾフェノン系紫外線吸収剤など、さまざまな添加剤が検出されました。フタル酸エステル類や紫外線吸収剤は、レジ袋や食品用プラスチックパッケージからも検出される添加剤です。

このように、私たちが日常生活で使うプラスチックにはさまざまな添加剤が含まれているので す。海を漂う間に、こうした添加剤がプラスチックから海水中に溶け出していきます。その一方で、水に溶けにくく油に溶けやすい添加剤は、海水への溶け出しが遅いため、海を漂うプラスチックにも長期間含有されていることが確認されています。

例えば、外洋を漂うプラスチックから、デカブロモジフェニルエーテルという有害な添加剤が検出されています（図2-13）。※9 デカブロモジフェニルエーテルはポリ臭化ジフェニルエーテル（PBDE）という臭素系難燃剤の一種です。

海洋を汚染する有害なプラスチックの2つ目のグループは、周囲から毒性の高い化学物質を吸着するものです。※9 第1章で述べられたように、海水中には非常に低い濃度ですが、残留性有機汚

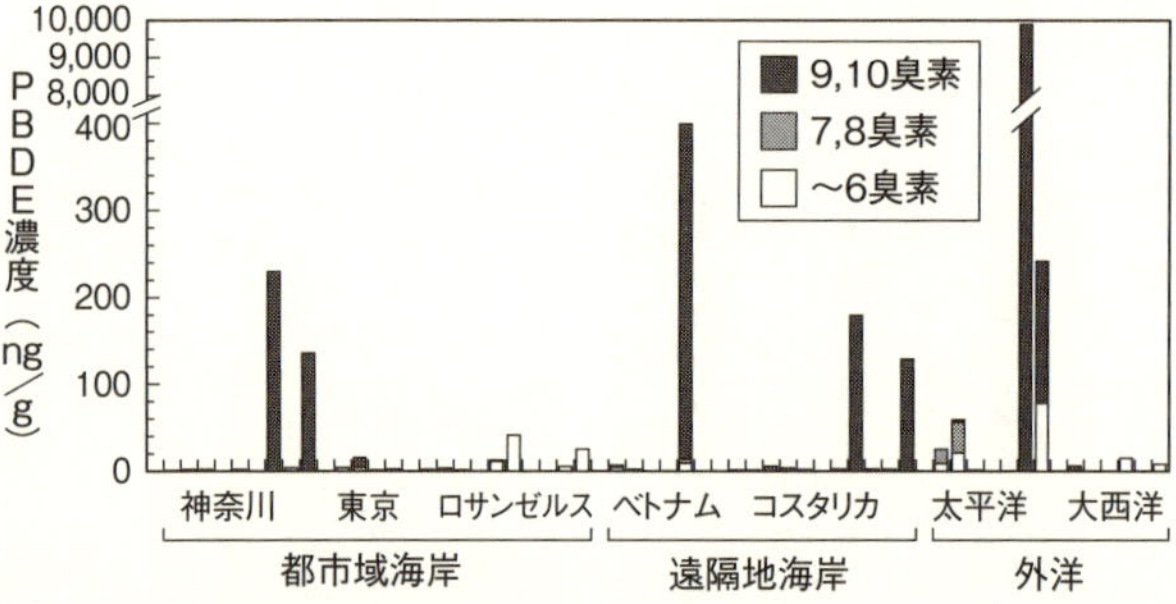

図2-13 海洋漂流および海岸漂着プラスチック片中のポリ臭化ジフェニルエーテル類（PBDE）。濃い灰色がデカブロモジフェニルエーテル類

染物質（POPs）といわれる有害な化学物質が溶けています。これは人間が合成したもの、つまり、人工化学物質です。

工業用の油としてさまざまな用途で使われたポリ塩化ビフェニル（PCB）、有機塩素系の農薬のDDTとその分解産物やHCHなどが、POPsの代表的なものです。こうした化学物質は、過去に大量消費されてきましたが、有害性が認められ、現在では使用禁止になっています。しかし、分解されにくい性質のため、過去に使用され、環境中に放出されたものが依然として環境を汚染しています。

こうした化学物質の海水中濃度は低いのですが、油に溶けやすい性質があります。油に溶けやすいので生物の脂肪に溶けやすい、つまり、溜まりやすいことになります。これは、「生物濃縮」と呼ばれる現象です。その結果、脂肪に濃縮されて生体中の濃度が高くなり、生物に影響が出てくる場合があります。これらの海水中に残留する有機汚染物質が、同じようにプラスチックに吸着していくことが最近の研究からわかってきています。

プラスチックは一種の固体状の油です。石油から合成されているので、もともとの石油の中の基本的な骨組み、すなわち炭化水素の鎖は維持されているので、油としての性質は失われていません。一方、ＰＯＰｓは油に溶けやすい性質を持っているので、固形の油であるプラスチックにどんどん吸着・濃縮されていきます。プラスチックへの汚染物質の吸着は、周りの海水中との比率でいうと、高いときは１００万倍に達します。このように、プラスチックは、水中で有害な化学物質をくっつけることによってさらに有害化していきます。

プラスチックの有害化学物質の吸着は、私たちが20年ほど前に東京湾での実験で明らかにしました。さらに私たちの研究チームは「インターナショナルペレットウォッチ」というモニタリング調査を展開しており、プラスチックの有害化が東京湾だけでなく、地球規模で起こっていることを明らかにしています。[※10]

この調査では、世界中のボランティアにインターネット等で呼びかけて、海岸に落ちているプラスチックの粒（前述したレジンペレット）を拾ってもらい、エアメールで東京農工大学に送ってもらっています（図2-14）。

私たちは、届いたペレットの成分分析をして、どこの国のどの海岸で拾われたものに、どれく

図2-14 世界中からエアメールで届くペレット

らい汚染物質が吸着しているかを調査しています。

私たちは、ペレットを送ってくれた人にメールで分析結果を報告するだけでなく、この問題に関心がある世界中の人たちと情報をシェアできるようにインターネットで結果を公開しています（http://pelletwatch.jp/）。この活動には、2つの目的があります。

1つは、最新の海の汚染状況の把握です。参加者の近くの海域にとどまらず、世界のどの海域が汚れていてどこが汚れていないかが一目瞭然です。もう1つは、採取してきたプラスチックがどれくらい有害なものを含んでいるかを観測者に知らせることです。自分たちの身近な環境にあるプラゴミの汚染の程度がわかれば、この問題が切実かつ早急に対応すべき問題であることが当事者として理解できます。海洋漂流プラスチックの危険性を自らの体験として理解できるという点で、「インターナショナルペレットウォッチ」は環境問題への啓発として、きわめて有効な手法だと考えています。[※10]

前述したPCBは、ベンゼン環が単結合で結ばれたビフェニルに複数個塩素が置換した人工化学物質です。1960年代から70年代初頭まで、工業用途で広く使われていた油です。絶縁油、熱媒体、潤滑油などさまざまな工業的な用途で使われていました。しかし、カネミ油症事件が起こり、PCBの有害性がわかって使用禁止になりました。これは、食用の油を作る工場で熱媒体として使われていたPCBが食用の油に混入し、その油を摂取した方に健康被害が発生した事例です。皮膚の障害、肝臓の障害を引き起こしただけでなく、死亡者もでました。

PCBには奇形、がんを誘発すること、免疫力の低下などの毒性に加えて、環境残留性もあります。しかし、使用禁止以前に環境へ放出されたPCBは工業地帯の沿岸の海底堆積物中にいまなお残留しており、海底の泥の巻き上がりや泥からの溶出により、いまだに工業地帯の海水を汚染しています。

PCBによる海洋汚染は、インターナショナルペレットウォッチの結果からもうかがえます。図2-15は、世界各地の海岸のプラスチック粒中のPCB濃度を示します。各地点に書いてあるバーの高さがPCBの濃度を示しますので、つまり、バーがあればどこでもPCBがあることを意味します。南太平洋のイースター島やガラパゴス島、大西洋のセントヘレナ島や亜南極海のマッコーリー島などどんな離島でも検出されています。この図を見て、地球上のいたるところにPCBが存在しているのに驚かれる方も多いでしょう。

大気や海水を通した地球規模での循環により、さまざまな海域でPCBが拡散しています。加

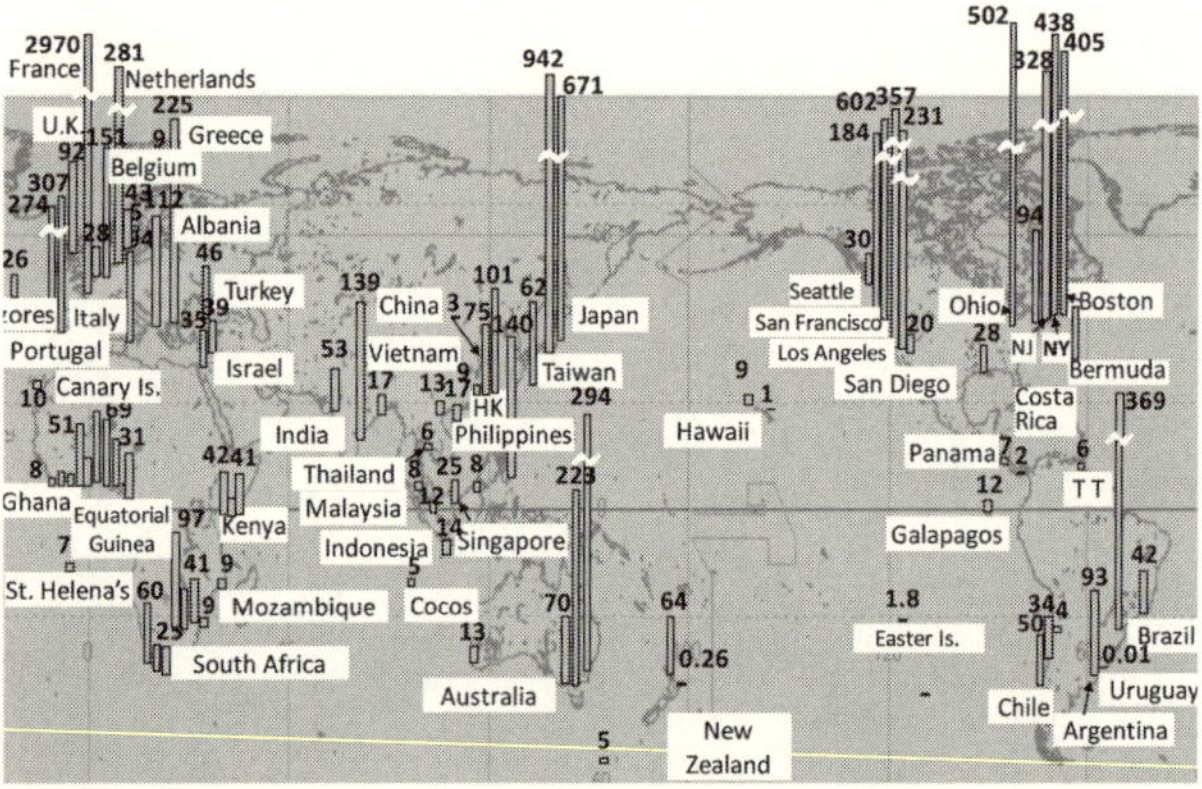

(図2-15) 海岸漂着レジンペレット中のPCB濃度（ng/g）

えて、プラスチックは浮いて長距離運ばれるので、これに吸着したPCBも遠隔地に運ばれます。PCBなどの親油性汚染物質の㎜サイズのプラスチックへの吸脱着は極めて遅く、平衡に達するまで1年程度かかります。そのため、いったん汚染されたプラスチックが非汚染地域まで運ばれる間に、POPsが抜けきらずに、高濃度のPCBを吸着したままのペレットが遠隔地でしばしば観測されます[※9]。

高濃度の汚染物質を含んだプラスチックが遠隔地まで運ばれる点が、生物にとっては問題です。これまで自然界にあった親油性の汚染物質の輸送媒体は懸濁粒子や堆積物ですが、それらは発生源に近い海域に沈むので、長距離運ばれることはありません。しかし、プラスチックは浮いて流れるので、遠いところまで運ばれ、汚染物質を遠隔地域の生態系まで運び込んでしまうのです。

ＰＣＢ濃度が高い地域は、アメリカの東海岸・西海岸、日本の東京湾・大阪湾、西ヨーロッパなどです。いずれも先進工業国の工業地帯です。こうした地域には、昔使用していたＰＣＢが海底の泥の中にまだ溜まっています。それらが、泥が巻き上がったり、泥から海水のほうに溶けだしたりすることにより、海水を汚染しているのです。これは「遺産」という意味を持つ「レガシー」を使い、「レガシー汚染」と呼ばれています。

先ほど、海底にマイクロプラスチックが沈降したり再浮上したりする、ヨーヨーメカニズムについて述べました。そのヨーヨーの過程で、マイクロプラスチックが海底の泥の中のＰＣＢを吸着して、それが再浮上する時にＰＣＢを海水の方に運ぶこともあると考えられています。つまり、マイクロプラスチックは、堆積している過去の汚染物質をよみがえらせる、レガシー汚染を長引かせていると考えられます。浮遊するプラスチックは海洋を漂い地球の水平方向に広く汚染を拡散させるだけでなく、堆積物も含めて鉛直的にも汚染を拡散させる役割を持っていると考えられます[※7]。

やっかいなことにこの運び屋は、生物の体の中にまで有害化学物質を配達しています。これを「トロイの木馬」と表現する研究者もいます。マイクロプラスチックという「トロイの木馬」は動物の体の中にやすやすと侵入し、内部に潜ませている汚染物質を排出し、身体にダメージを与えていることが、最近の研究でわかってきています。

生物体内への不都合な物質の移行・蓄積

汚染物質を体内に運び込む「トロイの木馬」に関する私たちの研究について説明します。[※11]東京農工大学の研究グループは、オオミズナギドリという海鳥の雛に、東京湾で採取したレジンペレットを餌に混ぜて、摂食させる飼育実験を行いました。

研究チームは、事前に東京湾のレジンペレットにはＰＣＢが吸着していることを確認したうえで、オオミズナギドリの雌にどの程度の量のＰＣＢが移行しているかを調べてみました。

私たちが注目したのは、雌の尾羽の付け根にある尾腺から分泌される脂（尾腺ワックス）です。この脂は、鳥が毛づくろいの際に羽根につける脂ですが、体内のＰＯＰｓの汚染レベルを反映していることがわかっています。

東京湾のレジンペレットを摂食させた雛の尾腺ワックス中のＰＣＢ濃度は、コントロール区（対照実験を行った対照群）、つまりレジンペレットを摂食していない雛に比べて有意に上昇することが確認され、摂食したプラスチックから海鳥体内への化学物質の移行が示唆されました。

さらに野外の生物についても、プラスチックを媒介した化学物質の生物への移行が起こっているかを調べました。前述のベーリング海で混獲されたハシボソミズナギドリ12個体を調査したところ、12個体すべての消化管からプラスチックが検出されています。

この12個体について、腹腔脂肪中のPCB濃度も測りました。その結果、胃内に残留したプラスチックの量が多くなると、脂肪中のPCB濃度が高くなるという関係が認められました（図2-16）。このことからも、胃内のプラスチックから体内の脂肪へPCBが移行したことが示唆されました。

しかし、図2-16のグラフでは、回帰直線は原点を通らずにY切片は正の値になっています。これは、ハシボソミズナギドリがプラゴミを食べなくとも、もともとPCBに曝露されていることを示唆しています。太平洋最北部の海であるベーリング海に棲む海鳥がなぜ汚染されてしまったのでしょうか。この原因として考えられるのが食物連鎖です。第1章で解説した北極海に生息しているアザラシがダイオキシン汚染されていたのと同じ構図です（図2-17[※11]）。

アザラシと同様、ハシボソミズナギドリも食物連鎖の上位に位置します。ごく微量のPCBであっても、餌の捕食を通じて、プランクトンなどの浮遊微生物→小型の魚類→大型の魚類→ハシボソミズナギドリという経路をたどる過程で濃縮されていきます。

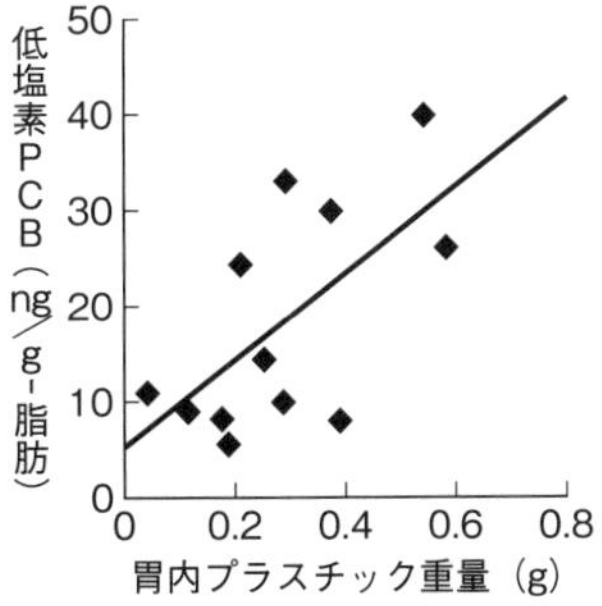

図2-16　ハシボソミズナギドリの胃内プラスチック重量と腹腔脂肪中PCB濃度の関係（ng/g）

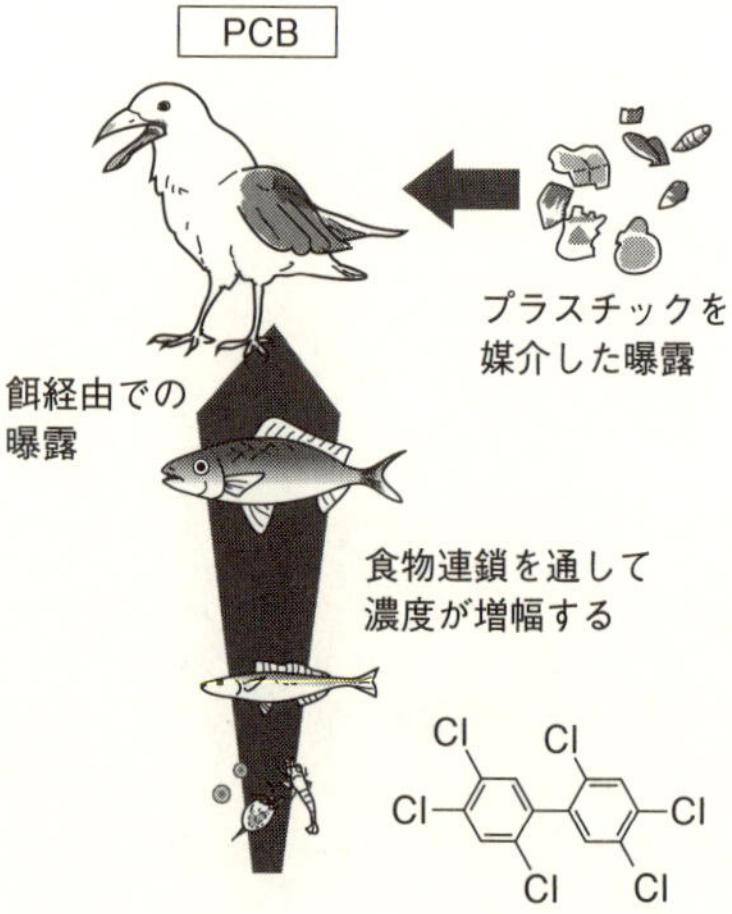

図2-17 ハシボソミズナギドリがPCBに曝露するルートには2種類ある

整理すると、ハシボソミズナギドリのPCB曝露には、プラゴミを捕食する経路と食物連鎖を経由する2種類があります。ただし、両者が寄与する比率がわからなければ、海洋プラスチックが海鳥に汚染物質をもたらしたと断定することはできません。

そこで私たちは、プラスチックには含まれるが、食物連鎖では増幅されない化学物質に注目しました。それは、臭素系難燃剤の一種PBDEです。

PBDEには、分子中の臭素原子の数の少ない低臭素同族異性体と臭素原子の数の多い高臭素同族異性体が存在します。

このうち低臭素同族異性体は海洋プラスチックに含まれ、同時に食物連鎖によって生物濃縮します。これに対し、高臭素同族異性体は海洋プラスチックには含有されますが、食物連鎖では増幅されないため、高次に位置する生物へ移行しないことがわかっています。実際、ハシボソミズナギドリの餌となる生物からは、高臭素同族異性体は検出されません。高臭素同族異性体は、食物連鎖のルートでは曝露しないため、海鳥が摂食したプラスチックが唯一の曝露源となる可能性があると考えられます（図2-18[※11]）。

そこで、私たちは、前述したPCBを測定したものと同じハシボソミズナギドリ12個体の腹腔脂肪中のPBDEの測定を行いました。専門的になるので結論のみ書きますが、体内で検出された高臭素同族異性体は、食物連鎖ルートではなく、海洋プラスチックからもたらされたことがわかりました。やはり、海洋プラスチックが有害な化学物質の厄介な運び屋だったのです。

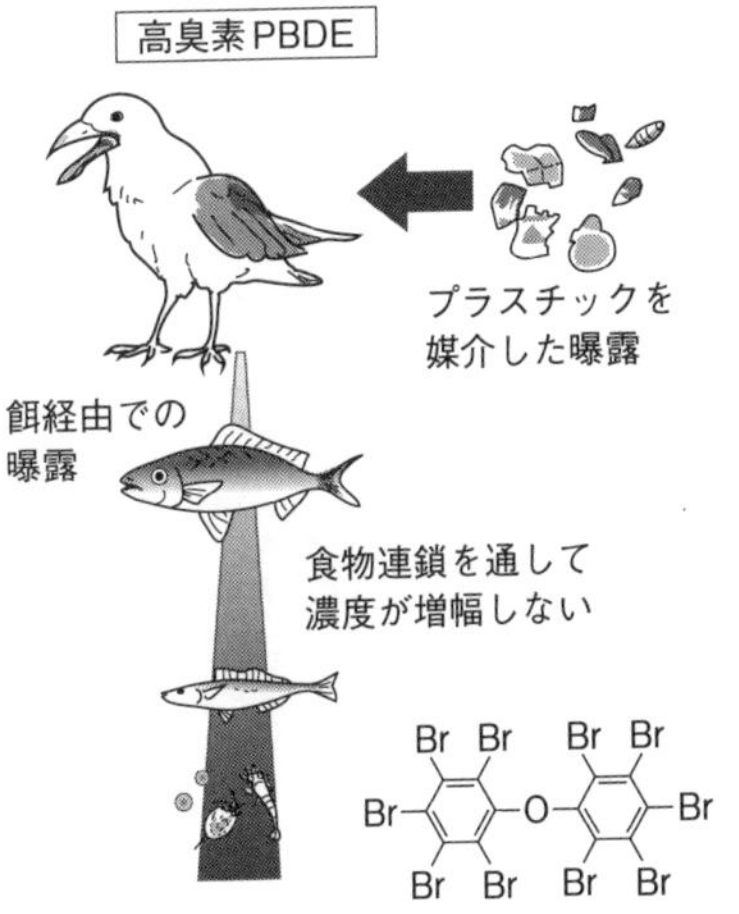

図2-18　ハシボソミズナギドリの餌となる生物からは高臭素同族異性体は検出されない

さらなる課題は、添加剤としてプラスチックに練り込まれているような化学物質が、どの程度生物組織に移行するかです。

2015年以前までは、プラスチックの破片の中に存在する添加剤は消化液に簡単には溶け出さないであろうというのが、大方の環境化学者の見解でした。

しかし、生物は複雑な仕組みを持っています。いくつかの種類の海鳥、例えばミズナギドリ目は、食べた餌の魚の未消化の脂を胃の中に保持しています（ストマックオイルといいます）。これが有機溶媒のように作用して、プラスチックからの添加剤の溶かし出しを促進していることが近年明らかになりました。私たちも、魚油や実際の海鳥から採取したストマックオイルと添加剤を含んだプラスチックを使って、このような溶かし出しが実際に起こっていることを確かめました。※11

さらに最近の研究により、ハワイ、ガラパゴス諸島、南アフリカのマリオン島など他の海域の海鳥についてもプラスチック添加剤の体組織への移行が確認され、生物汚染の地球規模での広がりが明らかにされつつあります。また、摂食プラスチックからの生物組織への化学物質の移行・蓄積は、魚や貝についても確認されたとの報告例もでてきました。

汚染の急速な進行

動物が食べたプラスチックから化学物質が溶け出して体内に蓄積すると、さまざまな悪影響が出るのではないかと懸念されています。しかし現時点では、実際の環境中、すなわち自然界に生息している生物を対象にした調査で、プラスチックに含まれている化学物質を蓄積したことで発生した異常は報告されていません。

ただし室内実験では、プラスチックに含まれる化学物質が悪影響を及ぼすとの報告もあります。例えばカリフォルニア大学デービス校のチェルシー・ロックマン博士は、脊椎動物に対する生物毒性を調べる際に用いられる代表的な試験生物であるメダカにプラスチックを食べさせる実験を行いました。サンディエゴの港湾内で汚染物質を吸着させたプラスチックを食べさせたところ、メダカの肝機能が低下したり、肝臓に腫瘍ができたそうです。[※12]ただし、この実験で与えているプラスチックの量は、環境中で見つかる量よりもはるかに多い量です。

その一方で、プラスチック製品に含まれる化学物質の毒性についてはまだ不明な点が多いのが実情です。しかし、このまま対策をとらずに、魚が食べるプラスチックの量が増えてくると、自然界にも悪影響が出てくる可能性は否定できません。

廃棄物の専門家として知られるジョージア大学のジェナ・ジャンベックは、今後何も手を打たなければ、海へ流入するプラスチックの量は増加の一途をたどると予測しています。

ジャンベックは、海を漂うプラスチックの量は2025年に2010年の10倍に増加すると推定しています。[※13]本当にそんなに急増するのかと訝《いぶか》る方もいらっしゃるかもしれませんが、海底などの泥の中のプラスチックの量を調べると、この予測を裏付ける観測結果が得られます。

皇居のお濠《ほり》の泥、堆積物コアの中のマイクロプラスチックの量を測った調査でも、マイクロプラスチックの堆積量が短期間に上昇していることがうかがえます（図2−19[※14]）。

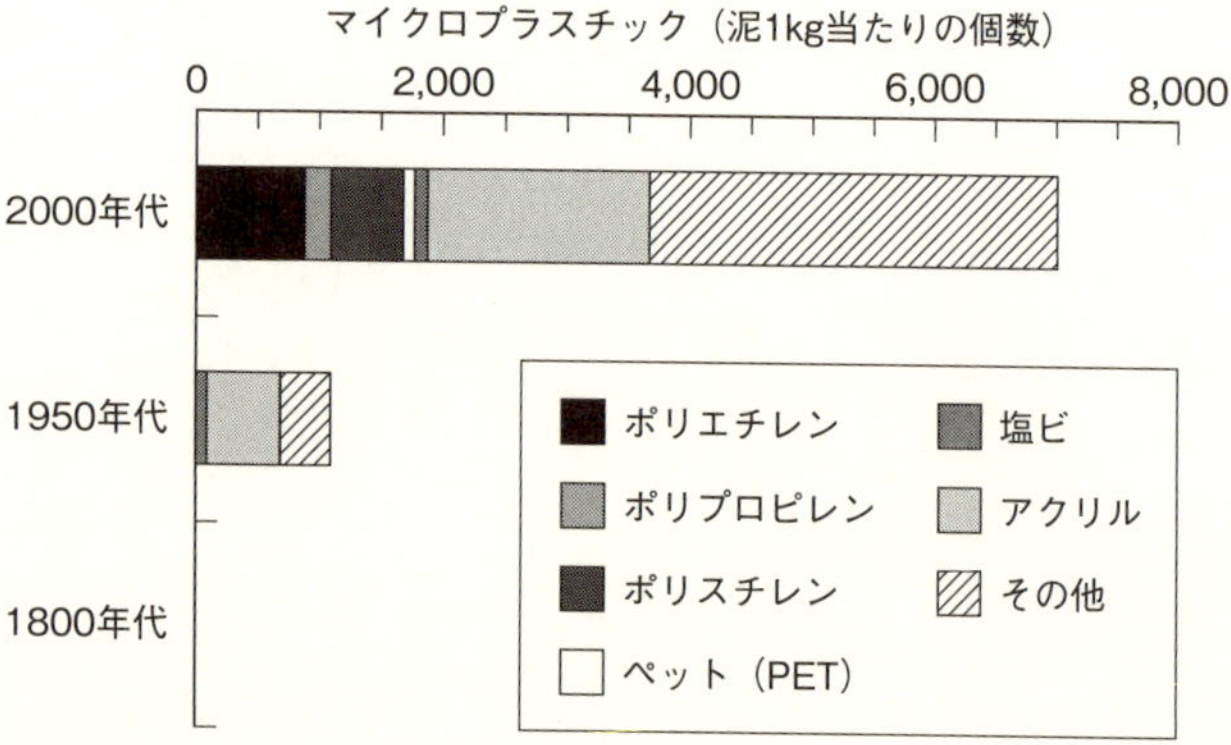

図2-19 皇居桜田濠の堆積物中に見つかったマイクロプラスチック

1800年（寛政12年）、1950年（昭和25年）、2000年（平成12年）の堆積物を調べたところ、1800年には自然界に存在しなかったマイクロプラスチックは、プラスチックの大量生産が始まった1950年時点ですでに検出されており、2000年代になると1950年代の数倍になっています。同じように、マイクロプラスチック汚染の進行は、東南アジア、アフリカ、ヨーロッパの堆積物によっても観測されました。つまり、環境中のプラスチックの堆積量が世界的に増加傾向にあるのは間違いありません。

使い捨てプラスチックの削減

現状では、魚がマイクロプラスチックを取り込んでいても、そこから曝露される有害化学物質の量は少ないと考えられています。しかし、今後魚たちが食べるプラスチック量が10倍になったら、そのプラスチックから魚やヒトに曝露される有害化学物質は無視できない量になるかもしれません。

プラスチック製品は日常生活に浸透しており、これを短期間で減らすことは困難です。それゆえに、目に見える被害が出る前から手を打つことが、予防的な対応として重要になります。すでに、プラスチック製品の消費量を減らすための国際的な対応も始まっています。[※15] 海に入ってくるプラスチックは主に使い捨てのプラスチックになりますので、レジ袋、ペットボトル、コンビニの弁当箱、プラスチック製ストローなどの使い捨てプラスチックの使用をなるべく減らしていくことが必要です。分解されるプラスチック製品の代替品の開発も急務です。

しかし、こうした代替品は、高コストだったり、プラスチック製品に比べると機能性が劣るものも多く、消費者は不利益を多少被ったり、不便になるかもしれません。しかし、便利さだけを追求して、どんどん私たちがプラゴミを出して、将来の世代に負の遺産を残してしまってよいのでしょうか？

繰り返し説明している通り、プラスチックはいったん環境に出てしまうと、生物分解されずに長く地球上に残る、残留性の高いゴミで、将来世代への負の遺産となります。

アメリカの先住民のことばに「我々人は子孫から大地を借りて生きている」という至言があります。まさに私たち人類は、子孫から地球という惑星を借りて生きている存在です。人から物を借りたときに、「汚れているけど、毒ではないからいいでしょ」と言って返す人はいないと思います。

プラスチックが人体にとってどの程度有害な物質なのかどうか、完全にはわかっていませんが、この残留性のある「負の遺産」を将来の人類に相続させるわけにはいきません。プラスチック製品を減らすための試みに直ちに取り組むべきだと、私は考えます。

（高田秀重　東京農工大学農学部環境資源科学科教授）

第3章

水俣病だけではない「世界をめぐる水銀」

水銀の特徴と利用の歴史

みなさんは「水銀」と聞いて何を思い浮かべますか？　化学好きなあなたは「体温計や血圧計に使われている銀色に輝く液体状の金属」、工業製品に詳しいあなたは「蛍光灯に封入された蒸気」、社会が得意なあなたは「水俣病の原因物質」、栄養学に興味のあるあなたは「マグロに含まれる有害物質」……。それ以前に「水銀なんて言われても何も思い浮かばない……」なんて方もいらっしゃるかもしれませんね。

いくつかの水銀に関するキーワードを述べましたが、水銀は科学技術的に優れた特徴を持つ一方で、ヒトをはじめとする生物の健康について負の側面を併せ持つことがわかります。このような二面性を持つ物質が私たちの身の回りに複数あることはプロローグで触れましたが、一部の物質は、触媒や微生物によって分解することが可能です。しかし、水銀自体は消滅することはなく、姿形を変えながら地球を循環します。

「水銀が形を変えて循環する？」と疑問に思われた方もいらっしゃるのではないでしょうか。この疑問を解くために、水銀の化学的な特徴について見てみましょう。

水銀の化学的特徴

水銀は原子番号80の元素で、原子量は２００・５９です。水銀の沸点と融点は、他の金属元素と比較して最も低く、沸点は３５７℃で、融点は氷点下のマイナス39℃です。この特徴から、水銀は加熱することで容易に気化し、常温、常圧で液体として存在します。これは、金属元素のなかで唯一の特徴です。[※1]

液体水銀の比重は水の13・6倍もあって、鉄でさえ浮かせることができます。水銀の英名mercuryは、ローマ神話に登場する俊足の神メルクリウス（Mercurius）に由来し、元素記号のHgは、ラテン語のhydrargyrum（水性の銀）が元になっています。ドイツ語ではQuecksilber（素早い銀）と呼ばれています。見た目と性質を表した名前ですね。

水銀は液体で存在するだけではなく、無機水銀ですと単体としてガス状の金属水銀（Hg^0）、化合物としては酸化態（Hg^+およびHg^{2+}）、あるいは硫化物などで存在します。また、有機水銀

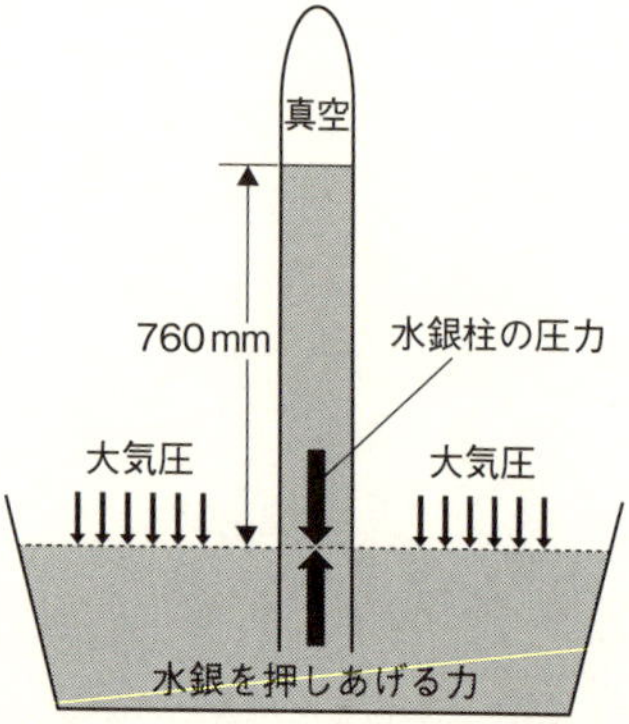

図3-1 トリチェリの実験の模式図

では炭素と結合してメチル水銀（CH_3Hg^+）やジメチル水銀（$(CH_3)_2Hg$）になります。自然界に存在する水銀は主にHg^0、Hg^{2+}、CH_3Hg^+です。

私たちの身の回りには数多くの水銀を使った製品があり、化学形態によって用途が異なります。まずは、おなじみの液体状の金属水銀について見てみましょう。中学の化学の授業で勉強したトリチェリの実験を思い出してください。この実験は、液体状の金属水銀を使って大気圧を調べるものです。水銀を満たしたトレイとガラス管を用意し、図3-1のようにガラス管を逆さにしてトレイに立てると、ガラス管内の水銀の液面が下がってトレイの水銀表面から760㎜の高さになります。これは、大気がトレイ表面の水銀を押す力（大気圧：つまりはトレイの上の空気全部の重さ）と、ガラス管内の水銀の重さ（水銀柱）が釣り合っている状態です。これを1気圧や760㎜Hgと呼びます。

気圧が高ければ、大気圧が大きくなるので、水銀柱の高さも変わります。この原理を用いた計測機器が、水銀気圧計です。同じ原理を利用して、血圧計も作られました。また、液体状の金属水銀は体温計や温度計としても使用されています。これは、温度が高くなることで水銀が膨張することを利用したものです。

液体状の金属水銀を加工したものとしては、虫歯の充填材があります。水銀には金や銀などさまざまな金属を溶かす性質があり、これを水銀アマルガムと呼びます。虫歯の治療では、このアマルガムが用いられていましたが、現在多くの歯科では合成樹脂などが利用されています。

ガス状の金属水銀の使用例としては、蛍光灯があります。蛍光灯の中にはアルゴン、ネオン、クリプトン等の不活性ガスと微量の水銀蒸気が封入されています。蛍光灯内部では、電極フィラメントに電流を流して熱電子が放出され、両端の電極間に高電圧を加えることで放電が生じます。その際、電極から出た電子は、蒸気状の水銀原子に衝突し、紫外線を発生させます。この紫外線が蛍光灯の内面に塗られた蛍光塗料にエネルギーを与えて可視光が放射されます。

図3-2　辰砂（写真提供：アフロ）

その他、水銀の化合物ですと、現在はあまり見なくなりましたが、殺菌剤として利用された赤チンも水銀からできています。これは別名、マーキュロクロムとも呼ばれています。

液体の金属水銀は、辰砂《しんしゃ》という鉱物（図3-2）を加熱処理することによって作ることができます。辰砂とは水銀と硫黄の化合物（硫化水銀、HgS）のことで、火山帯の近くで多く産出されます。これは、もともと地中奥深いマントルにあった水銀が、火山活動などで地上へと放出されて硫黄と結合・結晶化したものです。水銀の沸点は357℃ですので、辰砂を加熱することで液体の水銀を作ることができます。また、その一部は気体となって大気中へと放出されます。すなわち水銀は、単体または化合物として、液体・固体・気体の形になる非常に珍しい金属です。このような水銀の特異性と広範な用途は古くから注目されていましたが、当時の人々は、水銀がここまでヒトや野生生物の健康を脅かす物であるとは想像もしていなかったのではないでしょうか。

水銀に魅了された偉人たち

人間と水銀の歴史は長く、紀元前に遡ります。現代のような人工染料がない時代、自然界に存在した鮮やかな朱色の辰砂を加工して、顔料として使用していました。古くは、約2万年前のヨーロッパの洞窟絵画や、日本では縄文時代や弥生時代の遺跡から水銀を含む顔料が発見されています。日本で最古の水銀の記録は紀元3世紀末の『魏志倭人伝』まで遡ります。『魏志倭人伝』には、「以朱丹塗其身體　如中國用粉也」と記載されていますが、これは「赤い顔料をその体に塗るが、それは中国で粉おしろいを使うようなものである」を意味していて、辰砂が顔料として利用されていたことを示しています。

また、ヴェスヴィオ火山の大噴火（79年）によって一夜にして廃墟と化したポンペイの遺跡からは、「ディオニソスの秘儀」というフレスコ壁画が発見されていて、壁画の鮮やかな朱色は〝ポンペイ・レッド〟とも呼ばれ、辰砂や鉛丹《えんたん》（酸化鉛）が使用されていたと考えられています。

顔料としての用途以外に、中国では水銀を使った錬丹術《れんたんじゅつ》が発展しました。当時の人々は、辰砂を加熱することで徐々に姿が変化することを知り、辰砂を永遠に循環する物質として崇《あが》め、「丹薬」という不老不死の秘薬として服用していました。その結果、不運にも中国の歴代皇帝を水銀中毒で死に追いやることとなりました。

また、水銀は錬金術において重要な役割を担う物質としても知られていました。錬金術の最大の目的は、鉄や鉛などの卑金属を貴金属である金や銀に変えることと、不老不死の薬を手にすることでした。錬金術者は、金を含めたあらゆる金属は、水銀・硫黄・塩でできていると考え、特に流動性のある水銀は、変成を通じて金を生み出す物として注目されました。

錬金術は紀元前２０００年の古代エジプトを皮切りに、ローマ帝国、中東、インド、中国までに広がり、16世紀には、辰砂から水銀を精錬する方法が確立されました。古典力学の創始者として知られるアイザック・ニュートン（１６４２〜１７２７年）は、一時期錬金術に膨大な時間を費やしたことで、水銀中毒を起こしていたと考えられています。

錬金術では、水銀から金を精錬するプロセスで、水銀を含む材料を加熱することによって、沸点の低い水銀を選択的に蒸発させていました。その際、ニュートンは気体となった水銀を大量に吸い込んでしまったのかもしれません。また、当時の錬金術者は、出来上がった物質を舐《な》めてみる習慣があったそうですので、水銀を直接摂取していた可能性も大いにあります。

水銀の毒性の強さは化学形態によって大きく異なり、液体状の金属水銀は胃腸からは吸収されないため、少々誤飲したところで中毒にはならないと考えられています。ところが、液体状の水銀が気化して水銀蒸気になると毒性が強まります。肺から吸収された水銀蒸気は、呼吸困難や痙《けい》攣《れん》などを発症して、重症になると死に至ります。錬金術にどっぷり浸《つ》かっていたニュートンは、精神状態がおかしくなり、奇行を繰り返すようになったそうです。ニュートンの死後、遺髪が分析され、約70～200ppm（ppmとはparts per million、百万分率の意味）という非常に高濃度の水銀が検出されました。

水銀がもたらした健康被害は、錬金術者にとどまりませんでした。イギリスの帽子製作者のなかには帽子のフェルトの製造過程で水銀を使用し、その蒸気を吸ったことで精神錯乱を生じるような水銀中毒になった人がいたそうです。ルイス・キャロルが書いた『不思議の国のアリス』（1865年発行）に奇妙な言動でアリスを困らせるマッドハッター（狂った帽子屋の意味）というキャラクターが登場しています（映画『アリス・イン・ワンダーランド』でジョニー・デップが演じた役です）。これも当時の状況を反映していますね。

では、日本ではどうだったのでしょうか？　奈良の大仏の建立に関する記録『東大寺大仏記』には、水銀5万8620両（約2・2トン）と金1万446両（約0・4トン）を使用したと記載されています。水銀が金属と合金を作りやすい特徴を利用して、水銀と金の化合物を鋳銅仏に塗りつけた後、大仏の中から炭火で加熱することで水銀を蒸発させる作業が行われました。日本国内における現在の水銀使用量は年間10トン以下ですが、その20％もの水銀が局所的に使用され、大気中へと排出されたことになります。これによって不調を訴える人が急増したため、人々は祟《たた》りと恐れて平城京が長岡京に移されたという説があります。

しかし近年、平城京や周辺地域における8世紀ごろの土壌が調べられ、水銀濃度が現在の環境基準値（15ppm以下）と比べて十分に低い0・25ppmであることが示されました。※2　水銀を蒸発させる工程によって、水銀は気化した可能性がありますが、実際に水銀による健康被害が生じたかどうかは定かではありません（人類の水銀利用の歴史について詳しく知りたい方は参考文献※3を参照ください）。

1850年以降の地球規模で進む急激な水銀汚染

過去における環境変動の情報を記録している貴重な資料として、南極やグリーンランドの氷床があります。氷床は、毎年降り積もった雪が溶けずに積みかさなり、自重によって氷化したものです。雪には大気中のエアロゾルやガス成分が含まれていて、氷化される際に気泡として氷のなかに保存されます。この氷床をコア採掘機で掘り、分析することで、木の年輪のように時系列で過去から現在にかけての地球規模での環境変動を明らかにすることができます。例えば、過去数十万年の情報を記録している南極の氷床を分析して得られたデータでは、二酸化炭素（CO_2）などの温室効果ガス濃度の上昇を見ることができます。

アメリカのワイオミング州の氷河から採取した試料には、水銀濃度変化の情報が記録されています（図3-3）。グラフを見ると、火山の噴火による一時的な上昇は見られるものの、1850年頃までは低濃度で安定しています。これをその地域における一般的な濃度（＝バックグラウンド値）としたとき、1850年を皮切りに水銀濃度の上昇が見られます。

その原因の一つとして考えられているのが、1800年代後半にアメリカの西部で発生したゴールドラッシュです。特に、1848年にカリフォルニアで起きたゴールドラッシュが有名で、翌1849年、一攫千金《いっかく》を狙う者たちが、金脈目当てに大殺到しました。余談ですが、彼らは“forty-niner”つまり「49年組」と呼ばれ、アメリカンフットボールのプロチーム、〝サンフランシスコ・フォーティナイナーズ（49ers）〟の名前の由来にもなっています。

ゴールドラッシュの初期は、川底から砂をすくい上げ、砂金を獲る作業が繰り返されていました。採掘者の最大の目的は金脈を探し出すことでしたので、後に彼らは硬岩を爆破し、金を含む

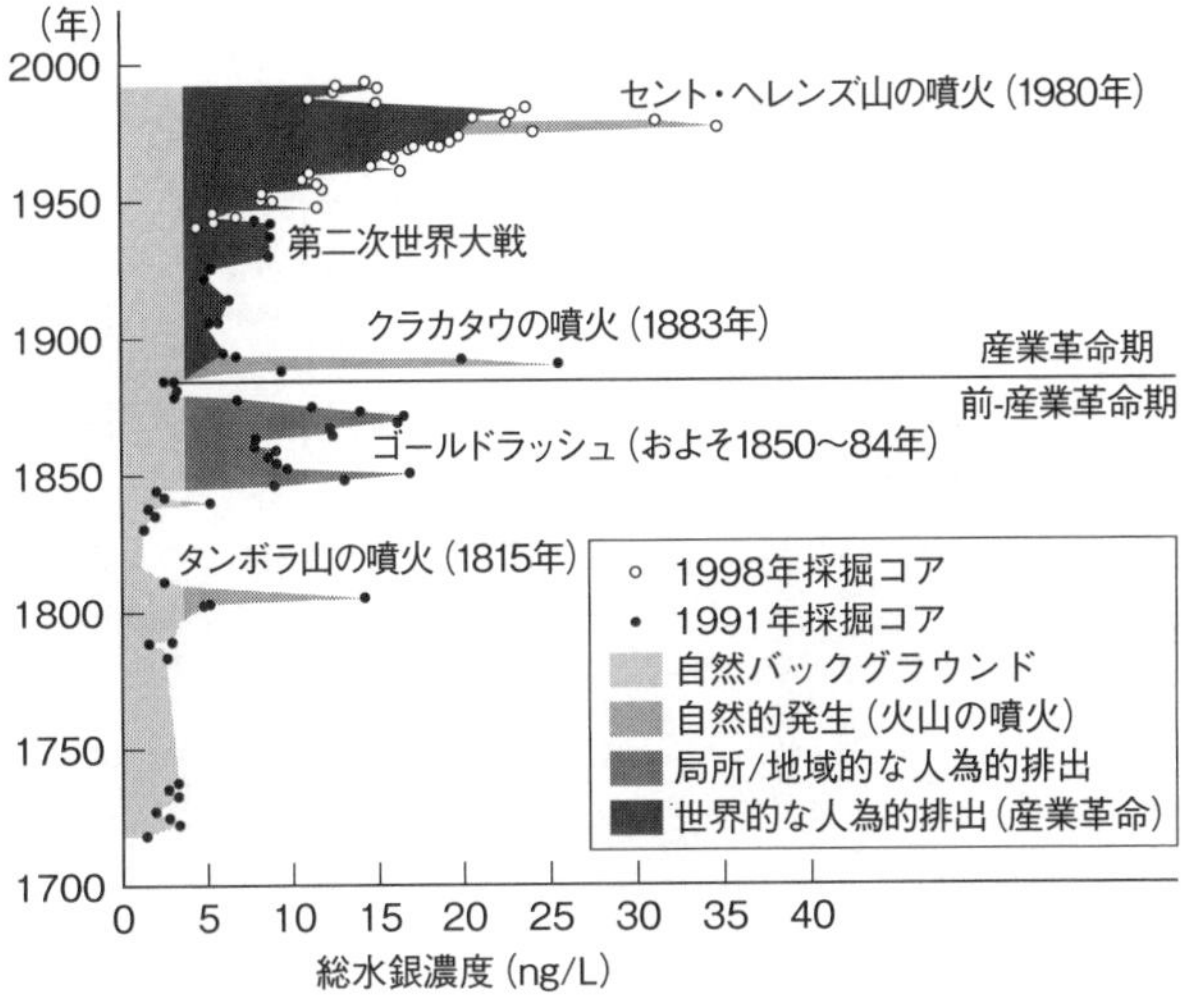

図3-3 氷床コアから見た水銀濃度の変化
出典：UNEP, 2013 ※4

岩盤が表面に来ると、岩を採掘・破砕し、高純度な金を生成する作業（＝精錬）を行いました。この精錬で用いられたのが水銀です。（奈良の大仏の建立と同様に）この工程では金を含んだ鉱石に水銀を混ぜたのちに、加熱することによって水銀を蒸発させたので、大気中の水銀濃度が地域的に急上昇したと考えられます。ゴールドラッシュは、短期間のうちにアメリカ内のみならず、オーストラリア、ニュージーランド、カナダへも拡大しましたので、これが原因で大気中の水銀濃度が地球規模で高くなった可能性があります。

　グラフを見ると、１８９０年頃から現在にいたるまで水銀濃度が急激に増加しているのがわかります。この急増は、何に由来するのでしょうか？　18世紀半ばから19世紀にかけて産業革命が起こり、大量の石炭が燃やされ、大気中へと排出されました。石炭1kg中の水銀含有量は0・05～0・2mgと微量ですが、石炭の使用量によって、放出量は大きく変わります。産業革命の発端の国でもあるイギリスを例にとると、革命以前の石炭の年間使用量が数百万トンだったのに対し、1900年頃には約1・5億トン、1920年頃には約2億トンにまで上昇しています。[※5]石炭燃焼による大気中の二酸化炭素の増加が同時期にあったことを考えると、氷床に見られる1900年以降の水銀の増加の主な原因が石炭と推測できます。また、産業革命以降に燃料として使用されるようになった石油にも水銀は含まれるため、水銀濃度の上昇を加速したと考えられます。

水銀問題最大の被害「水俣病」

水銀を語る上で、水俣病は切り離せません。この本を読まれているみなさんの多くは、小学校の社会科の授業で四大公害病について学ばれたかと思います。この四大公害病は、高度成長期である1950年代後半から1970年代にかけて発生した健康被害のことで、水俣病、第二水俣病（新潟水俣病）、四日市ぜんそく、イタイイタイ病があります。

水俣病は、熊本県水俣市にある化学メーカー新日本窒素肥料（現チッソ）の工場排水に起因します。チッソは1932（昭和7）年から合成繊維の原料であるアセトアルデヒドの生産を始めました。製造の際、触媒として使用された無機水銀（Hg^{2+}）が、反応中にメチル水銀となり、それを不知火海《しらぬい》（八代海《やつしろ》）に流出させたことが事の発端です。メチル水銀は有機水銀の一種で、脂溶性で生物濃縮を生じやすい化合物です。つまり、海に流れ出たメチル水銀が生物濃縮によって魚介類へと蓄積され、その魚介類を食べた人々に被害をもたらしたのです。

1956（昭和31）年4月に、水俣市月浦地区に住む5歳の少女が手足のしびれ、歩行障害、言語障害などの症状を訴え、新日本窒素肥料（当時）水俣工場附属病院に入院したことから事件が始まります。その後も同じような原因不明の患者が多数見つかったため、市、附属病院、市医師会、保健所、市立病院で構成する奇病対策委員会が設置され、委員会は熊本大学に研究を依頼することで原因解明を急ぎました。

しかし、初期段階では原因を突き止めることができず、伝染病が疑われましたが、1957（昭和32）年には厚生省（現厚生労働省）の厚生科学研究班が、「現在最も疑われているものは疫学的調査成績で明らかにされた水俣湾港において漁獲された魚介類の摂取による中毒である。魚介類を汚染していると思われる中毒性物質が何であるかは、なお明らかではないが、これはおそらくある種の化学物質ないし金属類であろうと推測される」と報告しました。

1959年、熊本大学は水俣湾に続く百間《ひやっけん》排水口のヘドロを採取し、分析を行いましたが、銅・ヒ素・マンガン・水銀・塩素・鉛・セレン・タリウム・過マンガン酸など10種類以上の有害物質が検出され、原因物質を特定するには膨大な労力と時間が必要でした。しかし同年、熊本大学の研究班は、海外の文献から有機水銀の中毒症と水俣病の症状が類似していることに気づき、「水俣病の原因物質は水銀化合物、特に有機水銀であろうと考えるに到った」と報告しました。工場では、有機水銀ではなく無機水銀が触媒として使用されていたため反論もありましたが、1967年にアセトアルデヒドの生産設備から採取した沈殿物にメチル水銀化合物を発見しました。その段階で、水俣病の原因物質がメチル水銀化合物という認識があったにもかかわらず、経済を優先したためにきちんとした対策がとられず、アセトアルデヒドの製造を停止したのは、実に被害が明らかになってから10年以上も経った1968年でした。

百間排水口にある案内板には、1932年から1968年までに「水俣湾に排出された水銀量は約70～150トン、あるいはそれ以上とも言われ、百間排水口付近に堆積した水銀を含む汚泥の厚さは4mに達するところもありました」と記載されています。チッソからは正確な水銀排出量は報告されていないため、全容は明らかではありませんが、相当な量が局所的に排出されていたことは確かです。汚泥については、14年の期間と約485億円の費用をかけて回収・埋め立てが行われました（水俣病に関して詳細を知りたい方は参考文献※6、※7を参照ください）。

水俣病の原因ともなったメチル水銀のほとんどは、魚介類の摂取に由来します。メチル水銀の多くは消化管から吸収されて、血液によって体内を循環して、肝臓や腎臓、脳などに移動します。メチル水銀は高濃度に曝露すると、神経系に作用して、神経障害や発達障害を生じます。

水俣病などの公害病が相次いだ反省から、水銀の産業利用に厳しい規制がかけられたため、局所的に高濃度のメチル水銀が排出されることは少なくなり、小児・大人がメチル水銀による神経障害を発症することはほとんどなくなりました。しかしながら、低濃度であっても、メチル水銀への感受性の高い胎児への曝露が発達に影響を与えることがわかっており、近年大きな問題になっています。これについては第6章で詳しく説明します。

放出されてから魚に取り込まれるまで

図3-4に動物に取り込まれた水銀濃度の経年変化を示しました。北極圏のいくつかの海生哺乳生物で、水銀含有量が産業革命以前と比べて急激に上昇していることがわかります。先ほども説明しましたが、これは石炭燃焼などによって大気への水銀排出量が急増したことと関係があるようです。では、石炭燃焼などによって大気中へと排出された水銀は、どのように環境中をめぐり、野生生物までたどり着いたのでしょうか？　地球の水銀循環の模式図（図3-5）を見てみましょう。

水銀が排出されてから水域へと移動される経路は2つに大別できます。1つ目は、排出源から

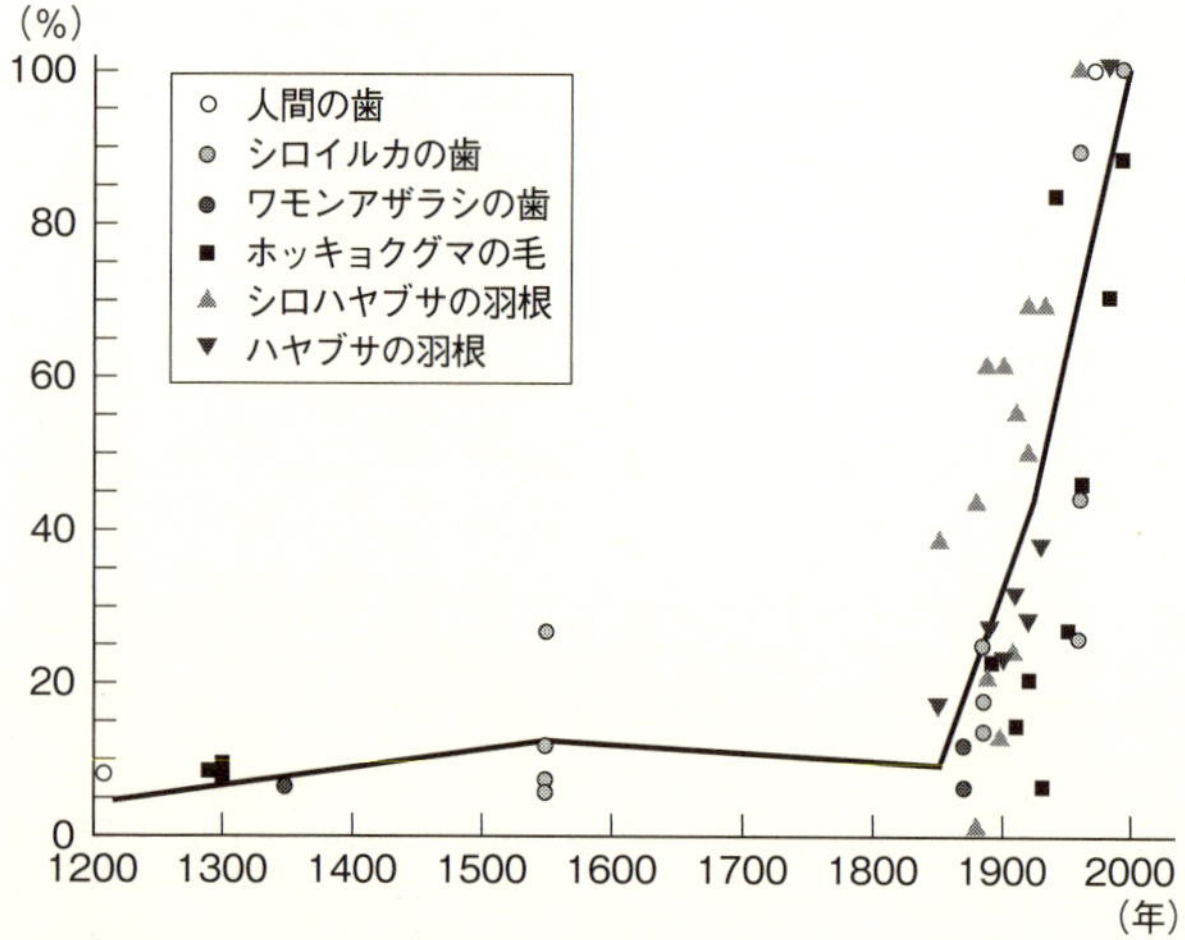

図3-4 動物に取り込まれた水銀濃度の経年変化
現在の動物の濃度を100%として計算
出典：UNEP. 2013 ※4

直接河川や海に水銀が排出される経路で、2つ目は、排出源から大気を経由して海へとたどり着く経路です。

1つ目の代表例とも言えるのが、水俣病です。また、1950年頃から稲のいもち病対策として酢酸フェニル水銀が水田に散布された例もあります。酢酸フェニル水銀は毒性の強さから1973年には使用が禁止されています。このような水銀利用による被害があって以降、国内外で水銀の利用や排出に関する規制が強まり、地域に限定された水銀問題は極めて少なくなりました。

しかし、世界全体で見ると、水域への水銀の排出は、2015年現在で580トンと推計されています。さらに、小規

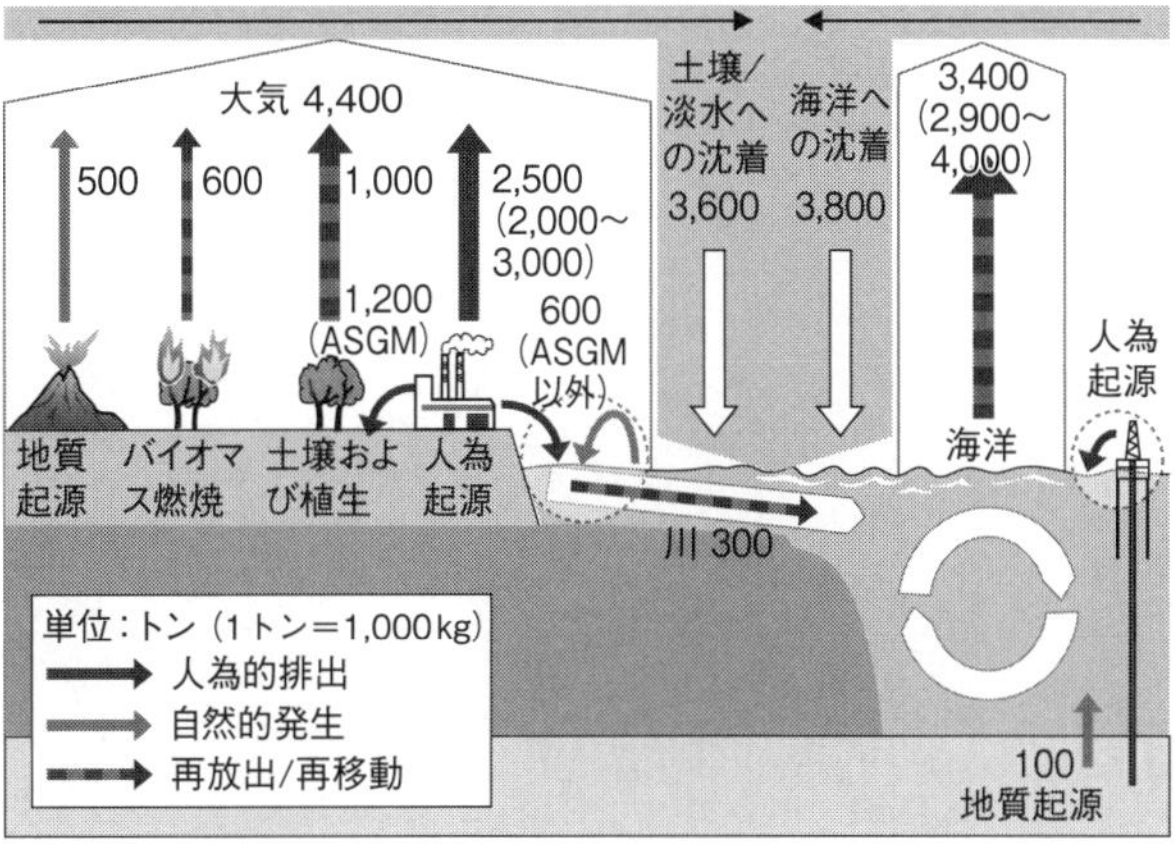

図3-5　地球規模の水銀循環モデル（ASGMは小規模金採掘）
出典：UNEP. (2019) ※8

模金採掘（ASGM）からの水銀放出が、陸域と水域あわせて1220トンに上ると推定されています。※5 今後、局所的な水銀汚染を起こさないためにも、水銀を含んだ製品の使用や製造を減らしたり、廃棄する場合は、適切な回収や管理が重要です。

一方、現在懸念されているのが、水銀の輸送経路の2つ目として挙げた、大気を介した広域的な水銀汚染です。再度、図3-5をご覧ください。陸地にある発生源から大気中へと排出された水銀は、大気を経由して海へと降下します。また図にはありませんが、その一部は微生物との反応によってメチル水銀となって生物濃縮を生じます。

ここで重要となるのが、大気中へと排出された水銀の化学形態です。水銀は化学形態によって環境中での挙動が大きく異なり、影響を及ぼす時間・空間・程度に違いが生じます。大気中の水銀には、金属水銀（Hg^0）、酸化態水銀（Hg^{2+}）、粒子状水銀（Hg_p）があり、Hg^0の存在割合が約95%を占めています。Hg^{2+}およびHg_pは反応性が高いため排出源近隣に沈着しますが、反応性の低いHg^0は大気中の滞在期間が約1年と長く、発生源から遠く離れた場所へと移動し、水銀循環に影響を及ぼします。その移動中、Hg^0はオゾンや臭素などによってHg^{2+}へと酸化され、土壌、河川、海洋に沈着します。海洋に取り込まれたHg^{2+}の一部は、微生物との反応によってメチル化され、食物連鎖を通じて濃縮されます。

海洋では、メチル水銀に紫外線が当たることで光還元反応が生じ、脱メチル化されたHg^0が大気へと再放出するプロセスも生じていると考えられています（この光還元反応による脱メチル化の指標として水銀の安定同位体の利用が期待されています。これについては、章末のコラムで紹介します）。

地域を限定した場合と比較して、地球規模での水銀汚染は、水銀が排出されてから問題が発生するまでの速度が緩やかです。それゆえ、日々の生活で水銀問題を考えることはほとんどないのではないでしょうか。しかし、現実には環境中の水銀濃度は増加傾向にあり、私たちの健康リスクを高めています。

水銀による健康リスクを低減するには、これまでに排出してきた水銀の回収・保管や、水銀利用の削減が必要です。産業革命以降の主な水銀排出源は石炭燃焼によるものでしたが、近年はど

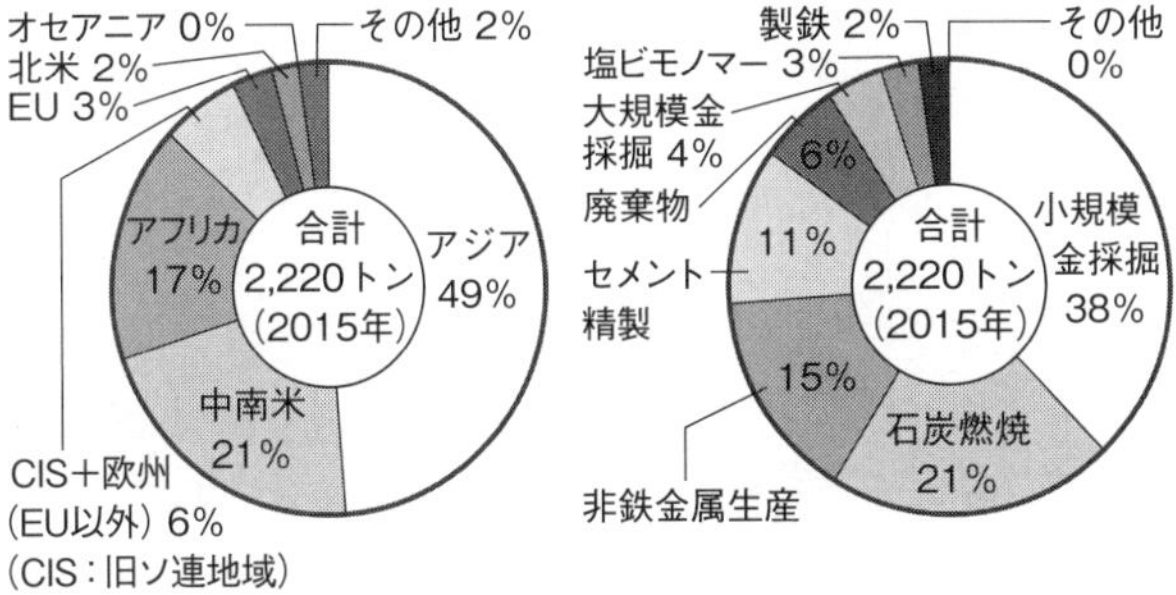

図3-6　排出源ごとの大気への水銀排出量（右）と世界の地域別の大気への水銀排出量（左）　出典：UNEP,2019 ※8

のような傾向があるのか、再び図3-5を見てみましょう。

大気への水銀の1年間の排出量を見てみると、火山ガスなど地質起源が５００トン、植物の燃焼が６００トン、土壌や植生からの排出が１０００トン、人為的な排出が２０００～３０００トンと推定されています。

このうち、３６００トンが陸地、３８００トンが海洋に降下すると考えられ、河川から海洋への流出が３００トンと推計されています。一方で、２９００～４０００トンが海洋から再放出されると推計されています。

２０１５年の推計では、人為的な水銀の大気への排出量は２２２０トンで、排出源別に見てみると、小規模金採掘が38％で最も多く、石炭燃焼が21％、非鉄金属生産が15％、セメント精製が11％と続きます（図3-6右）。

地域別の水銀の排出量では、アジアが49％、中南米が21％、アフリカが17％を占めています（図3-6左）。これらの地域では小規模金採掘が行われていて、水銀排出量も増

図3-7 小規模金採掘の写真
写真提供：アフロ

加傾向にあります。発展途上国での金採掘は家族や集落単位での小規模で行われ、「安くて、簡単」という理由から、金の抽出に大量の水銀が使用されています。

小規模金採掘では、金鉱床や川底の土などから金を採掘していきます。図3-7のように砂金の入った泥水に水銀を混ぜて金と水銀の合金を作ったのち、バーナーで加熱することによって、水銀だけを蒸発させます。この際、大気中に高濃度の水銀が排出されることで、金採掘現場の労働者や家族が水銀蒸気による中毒を生じています。さらに悪いことには、蒸発した水銀は雨とともに川へ流れます。その一部は、毒性の高いメチル水銀に変化して魚介類に蓄積し、水銀を含んだ魚を食べることで健康被害を生じます。

このように、いったん広域的に広がった水銀の回収には、莫大な労力と時間がかかります。予備的対策として、水銀の排出源、特に小規模金採掘での水銀使用を削減させることが、地球規模での水銀汚染の低減への大きな課題といえるでしょう。ま

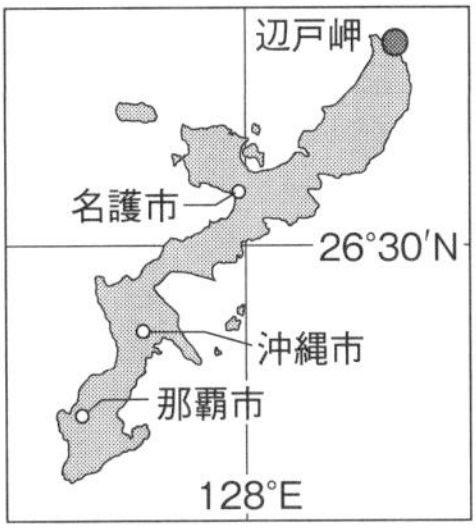

図3-8
沖縄県辺戸岬の大気中水銀観測位置（左）、観測施設からの眺め（右）

た、先に述べた通り、水銀を含む製品はいまだに使用されていますので、製造を減らすこと、廃棄物は適切に管理・回収するなどの対策が必要になると考えられます。

大気中をめぐる水銀の観測

人為起源または自然起源から排出・放出された水銀がヒトや生態系に与える影響を調査するためには、継続的なモニタリングが重要となります。そのため現在、さまざまな国で観測ネットワークが組まれています。アメリカでは雨水の観測としてMercury Deposition Network（ＭＤＮ）、カナダでは化学形態別分析としてCanadian Atmospheric Mercury Measurement Network（CAMNet）があります。日本では、環境省が２００７年から、沖縄県辺戸《へど》岬において化学形態別分析を実施しています。辺戸岬は、沖縄本島の最北端に位置する場所にあります（図３−８）。

写真でもわかるとおり、目前に海が広がり、周囲に顕著な人為発生源がないことから、例えば水銀の日中・夜間の挙動や、大陸からの季節風が吹く冬季には、大気汚染物質の長距離輸送を観測するのに適した地点とされています。

観測項目は、気体の金属水銀と酸化態水銀、粒子状の水銀で、連続的に観測されています。また、降水中の水銀濃度も米国環境保護庁（EPA）による手法（Method 1631）に則って観測されています。Hg^0の濃度は1〜2 ng/m^3程度で、近年は緩やかな減少傾向にあるようです。

水銀の発生源近隣を除いて、大気中の金属水銀（Hg^0）は全球的にほぼ同じ値を持ちます。水銀が大気中へと排出されてから、陸や海へと沈着するまでに約1年かかりますので、その間に金属水銀（Hg^0）が地球を何周も移動し、全球的に濃度が均質になったと考えられます。一方、辺戸岬の観測データでは、短期間の濃度上昇が見られることがあります。これは、発生源からの影響を示していると考えられます。

詳しく見てみると、特に冬場は日本の南岸を低気圧が通過する際に、その寒冷前線が沖縄付近を通過するのに伴って短期的に水銀濃度が上昇してまた元に戻る変化を示しています。これは、低気圧に引きずられた気団の中に比較的高濃度の水銀があり、おそらくは中国大陸から移動してきた可能性が考えられます。世界における大気中への水銀排出量の約半分はアジア地域に起因し、中でも中国が全体の約3割を占めています。中国では冬に暖房等に石炭が使われるため、辺戸岬で冬季に見られる短期的な金属水銀（Hg^0）の上昇の原因は、これによるものかもしれません。

重金属を規制したはじめての国際的な条約

水俣病の教訓を認識し、水銀および水銀化合物の人為的な排出・放出からヒトの健康及び環境を保護することを目的として「水銀に関する水俣条約（英語名：Minamata Convention on Mercury）」が２０１３年に締結され、２０１７年８月に発効されました。水俣条約は、水俣病と同様の健康被害や環境破壊を繰り返してはならないとの決意から命名されました。この条約は加盟国が協力して、以下を実施することを目的としています。

・新たな水銀の採掘禁止と供給の制限　・水銀含有製品の使用禁止
・製品の製造プロセスにおける水銀使用の禁止　・水銀の国際貿易を制限
・小規模金採掘の制限　・水銀の大気・水・土壌への排出の削減
・水銀・水銀化合物や水銀廃棄物の適正な保管・管理　・途上国などへの資金や技術の支援

今後、条約が有効に機能しているかどうかを確かめるために、定期的に環境や人の中の水銀濃度を計測するようなモニタリングがさらに重要になっていくものと考えられます。水俣病を経験

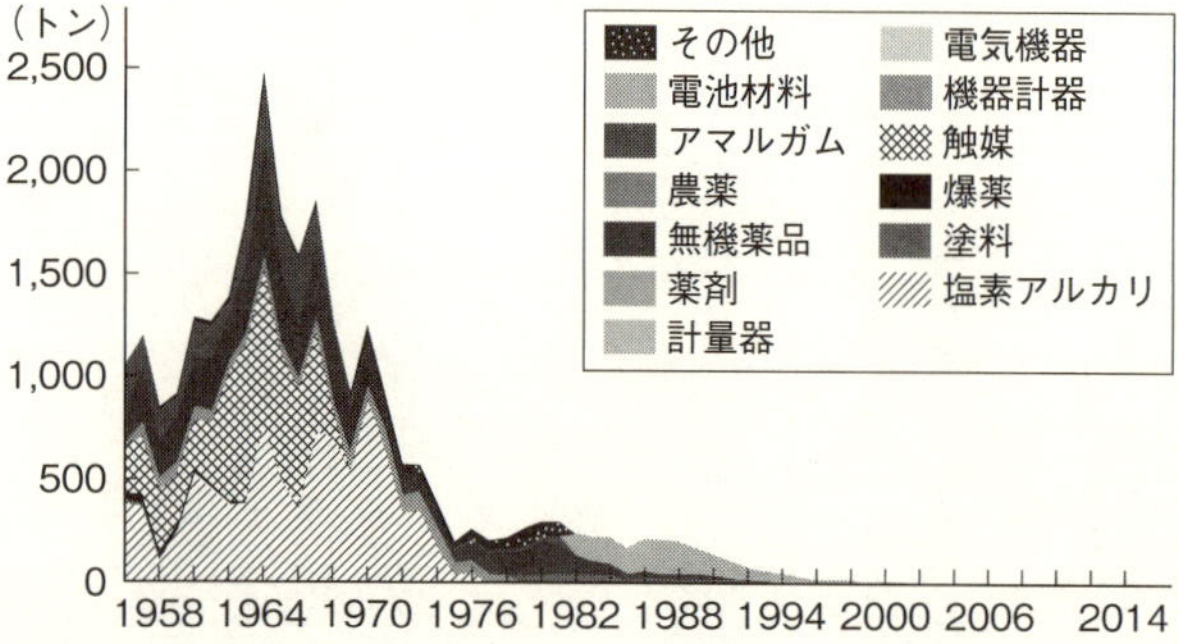

図3-9 国内の水銀需要の推移
出典：資源統計年報・非鉄金属等需給動態統計より環境省作成

した日本では、水銀による環境汚染の防止を推進するため、環境基本法や水質汚濁防止法などに基づき環境基準を設定しています。また、水俣条約締結後には、水銀の使用や貯蔵等に関して水銀環境汚染防止法が新たに成立し、大気汚染防止法の一部についても改正が実施されました。条約発効後は、脱水銀社会を目指した取り組みが強化されることが期待されます。

ここで、日本での水銀消費量を時系列に見てみましょう（図3-9）。1950年代から急激に上昇し、ピークは1964年でした。その後、水銀の使用量は大きく減少し、2010年度の水銀需要は年間8トン程度で、主な用途は照明（蛍光灯など）、計測・制御器（体温計、血圧計など）、無機薬品（顔料、試薬など）や電池です。1974年には医薬品、化粧品、農薬への使用が禁止され、1995年には水銀電池の生産が中止され、現在は、ボタン型電池に微量の水銀が使用されているのみです。また現在、日本では鉱山からの水銀採掘は行っておらず、輸入および国内で回収・リサイクルされた水銀を使用しています。また、２０２０年までには、電池や一定含有量以上のランプ、化粧品など、禁止製品のリストに掲載された水銀添加製品の製造、輸出入が禁止されます。

日本では、水俣病を契機として製品プロセスでの水銀利用の廃止や排ガス対策が進み、近年の大気への排出量は約20トンまで削減されました。わが国は、水俣病が発生した国ですから、条約の発効では諸国の先導となるような取り組みが期待されています。

私たちができる水銀汚染対策

蛍光灯や水銀体温計など、水銀が使用された製品が破損した場合、どのようなことが起こるでしょうか。管に入った液体状の金属水銀は、間違って食べてしまっても消化管からの吸収が少ないため、ほとんど無害で、2～3日中には排出されます。しかし、散らばった水銀を放置すると、揮発して水銀蒸気として体内へと吸収され、その曝露レベル次第では、精神や運動機能の低下、短期的な記憶障害、震えなどの神経系への影響が生じます。まずは、破損しないよう慎重に扱うことが重要ですが、破損してしまった場合は、水銀が飛散しないように、ガラス瓶やポリ袋にいれて密閉し、適切に処分してください。

その際、決して一般廃棄物と一緒に捨てないよう、まずは分別をきっちりと行ってください。

←本文、１１６ページへ

子を放出します（＝放射壊変）。

一方、安定同位体は、自然界で一定の割合で安定して存在するものです。ただし、この存在比は不変ではなく、自然界で生じるさまざまな現象で微小ながら変化します。これは、同じ元素でも軽い安定同位体と重い安定同位体では動く速度が異なるためです。

物理学的・化学的プロセスを通して同位体比が変わることを「同位体分別」と呼び、同位体の重さに依存した同位体分別が生じることを「質量依存型同位体分別（Mass Dependent Fractionation、MDF）」と呼びます。

水銀の原子量は200.59です。水銀には7つの安定同位体があり、それぞれの存在割合は異なります（196：0.15%、198：9.97%、199：16.87%、200：23.10%、201：13.18%、202：29.86%、204：6.87%）。

水銀のように比較的質量が大きい元素の場合、存在割合の変化は極めて微小なのですが、近年の分析技術の向上により、さまざまな物質で同位体分別が検出されるようになりました。※9

ここで、同位体分別の度合いを表記する方法について、簡単に説明します。

物質ごとの同位体分別を評価する場合、基準となる物質（＝標準物質、水銀同位体の場合NIST SRM 3133が用いられる）と対象としている物質（＝物質A）の安定同位体比がどれくらい隔たっているか（ずれ）を次式のように千分率（1/1000、‰：パーミルと呼びます）で示します（115ページ、図2）。

←115ページに続く

COLUMN

水銀の動態解明に向けた最新の分析技術
── 水銀を同位体レベルで調査する

このコラムでは、環境中の水銀の計測として最新の技術であり、筆者が研究テーマとしている水銀同位体分析について紹介します。水銀は、環境中でさまざまな反応プロセスを経て化学形態を変化しながら、地球上を循環しています。例えば、海洋において、メチル水銀は食物連鎖によって生物濃縮される一方で、メチル水銀を無機水銀に戻すような反応もあります（図1）。このように、水銀は化学形態を変えることで環境中を循環するので、水銀の挙動を理解するには、反応機構を解明することが重要です。重要な指標になり得るとして期待されている研究手法として水銀同位体分析があります。

同位体とは、同じ元素でありながら、中性子数の異なる原子のことです。同位体には、放射能を持つ「放射性同位体」と持たない「安定同位体」があり、水銀同位体は後者にあたります。放射性同位体は不安定で、時間とともに電子・陽子・中性

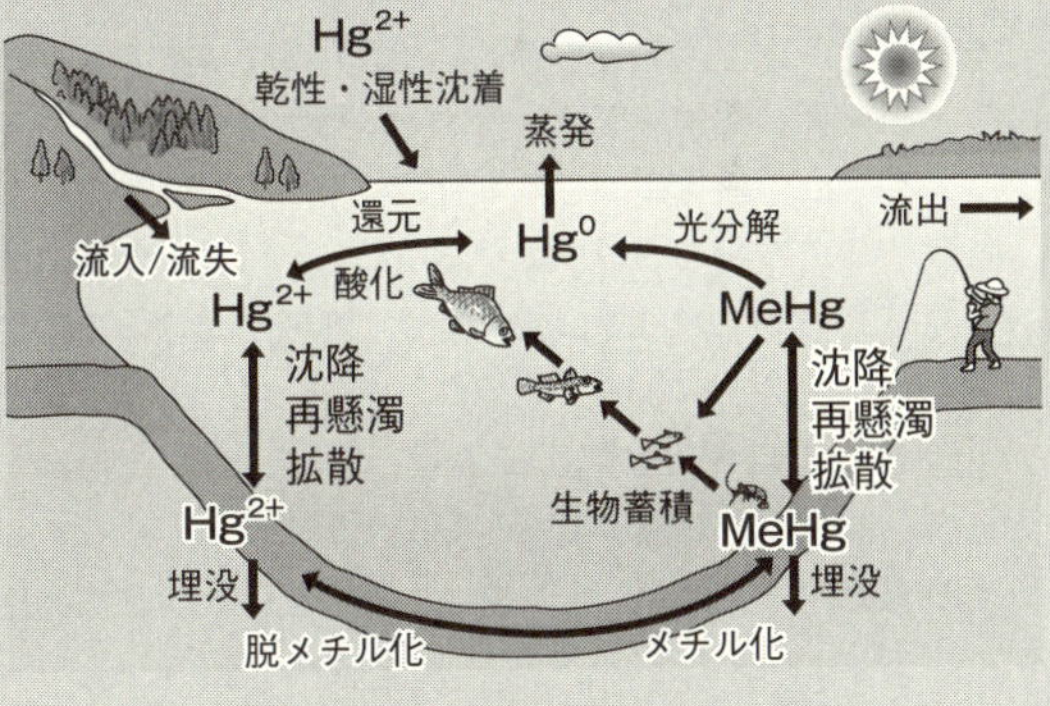

図1　水銀の環境循環（MeHgはメチル水銀を示す）

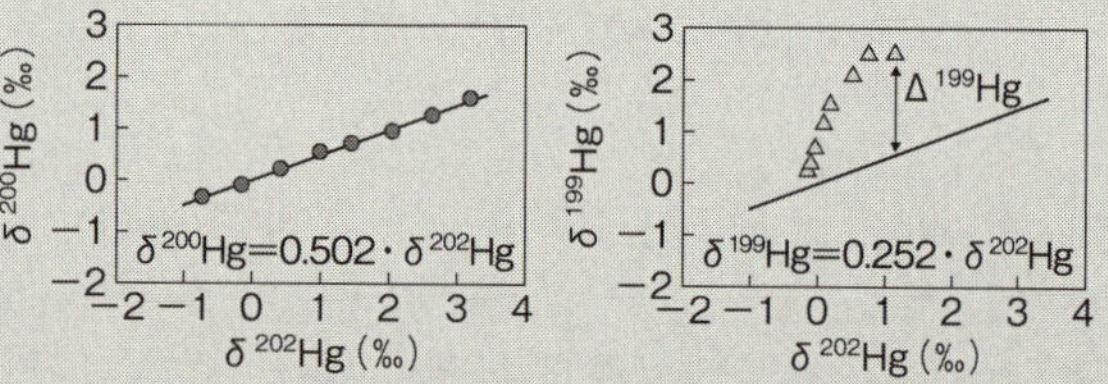

図3 水銀同位体分別の概略図
(左) 質量依存型同位体分別 (MDF) が生じた場合は直線上にプロットされる、(右) 質量非依存型同位体分別 (MIF) が生じた場合、直線から外れてプロットされる

された粒子です。ここまで本章を読み進めてくださったみなさんなら、もう気づいたかもしれませんね。そう、金アマルガム法を用いて捕集するのです。この金粒子を石英管に詰めたものをエアポンプに繋《つな》ぎ、大気を通過させることで、金属水銀 (Hg^0) のみを金粒子に吸着させます。石英管を研究室に持ち帰ったのち、いくつかの前処理工程を経て水銀同位体分析を行うことが可能となります。水銀同位体分析には、マルチコレクター誘導結合プラズマ質量分析計という装置を用います。

環境中では水銀の化学形態を変化させ、局所から地域、そして全球レベルへと水銀を循環させる反応経路が複雑に絡まりあっています。その全貌を理解するために、日々研究者は数値計算や実験を行ったり、野外で試料を集めて濃度や同位体情報を得ることで、言わばパズルの穴埋め作業を行っています。時には、火山地帯などの危険な場所で調査を行うこともありますが、目に見えない水銀が数字になって現れることで、地球をめぐる水銀を実感することができ、何とも言えない達成感があります。

$$\underset{[‰]}{\delta^{XXX}Hg} = \left\{ \left[\frac{({}^{XXX}Hg/{}^{198}Hg)_{物質A}}{({}^{XXX}Hg/{}^{198}Hg)_{標準物質}} \right] - 1 \right\} \times 1000$$

図2　水銀同位体比の表し方
（XXXには水銀同位体の質量数が入る）

例えば、水銀を含んだ水を加熱した場合、軽い同位体が早く蒸発します。このように、質量数に依存した同位体分別が生じた場合、水銀同位体比は図3（左）のように、直線上にプロットされます。

一方、箱の中にメチル水銀や酸化態水銀の溶液を入れて紫外線を照射したところ、溶液の同位体比は奇数の同位体比について、傾きの線から離れてプロットされることがわかりました（例えばδ^{199}Hgについては図3右のようになります）。この差分については、δ^{199}Hgやδ^{201}Hgと区別するために、Δ^{199}HgやΔ^{201}Hgと表記されます（Δはキャピタルデルタと呼ぶ）。環境試料のΔ^{199}Hgは、−5‰から+6‰の変動が発見されています。大半の試料は±1‰の範囲に収まりますが魚のΔ^{199}Hgは約0‰から約6‰まで幅広い変動があります。このMIF（Mass Independent Fractionation: 質量非依存型同位体分別）を生じさせる原因として、メチル水銀（CH_3Hg^+）や酸化態水銀（Hg^{2+}）が金属水銀（Hg^0）に還元される光化学反応（光還元反応）が考えられています。[※9]

海洋において光還元反応が生じているのであれば、その生成物として金属水銀（Hg^0）が大気中へと放出されるはずです。筆者は、大気ー海洋間の水銀の挙動を調べるために、大気中の金属水銀（Hg^0）を捕集し、水銀同位体分析を試みています。大気中に存在する、でも決して見ることのできない金属水銀（Hg^0）を捕集するために用いているのが、金がコーティング家庭で出た水銀を含む製品の回収は、市区町村によって方法が異なり、既存のごみステーションに資源ごみとして排出する方法や、回収日・場所を設定した回収などがあります。また、蛍光灯のような生活家電製品については、家電量販店への持ち込みが可能な場合もあります。廃棄する水銀製品がある場合は、お住まい・お勤めの市区町村に尋ねてみてください。

（山川茜　国立環境研究所環境計測研究センター主任研究員）

第4章

古くて新しい不都合な物質「重金属」

――四大公害病から越境汚染まで

四大公害病を引き起こした「重金属」

「四大公害病」という言葉は、誰もが一度は耳にしたことがあるのではないでしょうか？　日本は、明治初期から昭和40年代における急激な経済成長の過程で、環境や住民の健康に甚大な被害をもたらした公害を数多く経験してきました。それらの中には、採掘に伴う鉱山周辺の汚染、精錬所や工場からの排煙・排水による周辺環境の汚染、廃棄物の投棄による周辺環境の汚染など、さまざまなケースがあります。特に、1950〜1960年代の高度成長期に表面化した水俣病、新潟水俣病（第二水俣病）、イタイイタイ病、四日市ぜんそくについては、被害規模が大きかったことから、四大公害病と呼ばれています（図4-1）。

実はこれらのうち、水俣病、新潟水俣病、イタイイタイ病の3つは「重金属」により引き起こ

図4-1　四大公害病

されたものです。水俣病と新潟水俣病では水銀、イタイイタイ病ではカドミウムが原因となり、人々にさまざまな疾患を引き起こしたのです。水俣病やイタイイタイ病以外にも、日本の多くの都市域や工業地域において、鉛、ヒ素、六価クロムなどの重金属による深刻な健康被害が発生しました。特に鉛については、自動車エンジンの異常燃焼を防ぐアンチノック剤としてガソリンに添加された四エチル鉛などのアルキル鉛が、幹線道路周辺住民の健康被害（鉛中毒）と環境汚染を引き起こした事例もあります。

これまでさまざまな公害をもたらしてきた重金属とは、一体どのような物質なのでしょうか？

一般的に、重金属とは、比重が4ないし5より大きい元素のことを指しています。代表的な重金属として、第3章でも取り上げた水銀（Hg）をはじめ、深刻な健康被害を引き起こしたカドミウム（Cd）、鉛（Pb）、ヒ素（As）のほかに、鉄（Fe）、亜鉛（Zn）、マンガン（Mn）、コバルト（Co）、ニッケル（Ni）なども重金属です。比重が重金属より小さいものは「軽金属」として区別することが多いのですが、軽金属は、アルカリ金属、アルカリ土類金属、アルミニウムなど14種類程度と多くはありません。つまり金属元素（自然界に存在する元素では約70種類）の中では、大多数が重金属です。

では、これまで数々の公害病を引き起こしてきたこの重金属は、すべてが不都合な物質なのでしょうか？　まずは元素の特性について、ご紹介したいと思います。

元素の必須性と毒性

はじめに、図4-2をご覧ください。みなさんもよくご存じの元素周期表です。最新の周期表には原子番号1番から118番までの元素が並んでいます。実は、元素周期表にある元素のすべてが自然界に存在しているわけではありません。43番テクネチウム（Tc）、61番プロメチウム

族／周期	1	2	3	4	5	6	7	8	9	10	11	12	13	14	15	16	17	18
1	1 H																	2 He
2	3 Li	4 Be											5 B	6 C	7 N	8 O	9 F	10 Ne
3	11 Na	12 Mg											13 Al	14 Si	15 P	16 S	17 Cl	18 Ar
4	19 K	20 Ca	21 Sc	22 Ti	23 V	24 Cr	25 Mn	26 Fe	27 Co	28 Ni	29 Cu	30 Zn	31 Ga	32 Ge	33 As	34 Se	35 Br	36 Kr
5	37 Rb	38 Sr	39 Y	40 Zr	41 Nb	42 Mo	43 Tc	44 Ru	45 Rh	46 Pd	47 Ag	48 Cd	49 In	50 Sn	51 Sb	52 Te	53 I	54 Xe
6	55 Cs	56 Ba	57~71 ランタノイド	72 Hf	73 Ta	74 W	75 Re	76 Os	77 Ir	78 Pt	79 Au	80 Hg	81 Tl	82 Pb	83 Bi	84 Po	85 At	86 Rn
7	87 Fr	88 Ra	89~103 アクチノイド	104 Rf	105 Db	106 Sg	107 Bh	108 Hs	109 Mt	110 Ds	111 Rg	112 Cn	113 Nh	114 Fl	115 Mc	116 Lv	117 Ts	118 Og

ランタノイド (57~71)	57 La	58 Ce	59 Pr	60 Nd	61 Pm	62 Sm	63 Eu	64 Gd	65 Tb	66 Dy	67 Ho	68 Er	69 Tm	70 Yb	71 Lu
アクチノイド (89~103)	89 Ac	90 Th	91 Pa	92 U	93 Np	94 Pu	95 Am	96 Cm	97 Bk	98 Cf	99 Es	100 Fm	101 Md	102 No	103 Lr

図4-2　元素周期表

（Pm）、85番アスタチン（At）、87番フランシウム（Fr）を除いた92番ウラン（U）までの元素は、自然界に比較的豊富に存在していますが、93番以降の元素は、基本的に原子炉や粒子加速器で人工的に生成したものです。ちなみに113番元素は、日本の理化学研究所が発見した元素で、日本に命名権が与えられ、「ニホニウム（Nh）」と命名されました。命名はこれまで欧米のみでしたが、ニホニウムはアジアで初めて命名権が与えられた元素です。

一般の生物に含まれる主要元素は、炭素（C）、水素（H）、酸素（O）、窒素（N）、硫黄（S）、リン（P）、ナトリウム（Na）、カリウム（K）、マグネシウム（Mg）、カルシウム（Ca）、塩素（Cl）の11種類です。ヒトの場合、これらの元素が体重の約99・3％を占めています。しかし、これら11元素だけでは、生命活動は維持できません。実は、残りの0・7％の中には、微量ではあるものの生命活動に必要不可欠である「必須微量元素」が存在している

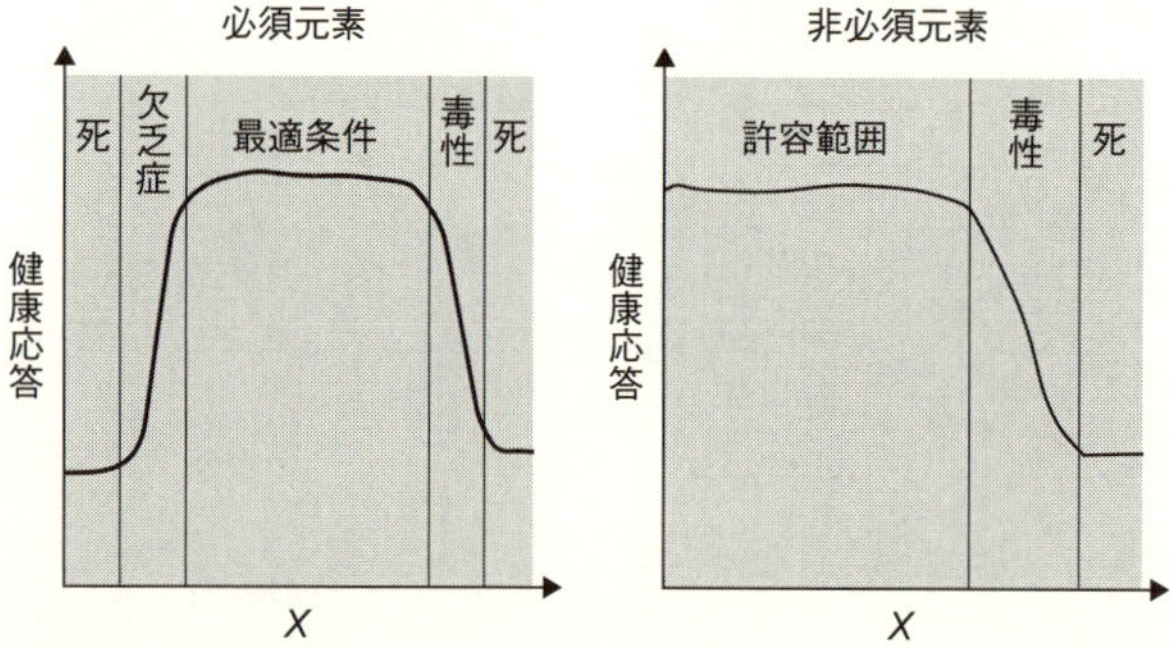

図4-3　元素の摂取量（X）と生体の健康応答
出典：渡辺訳，2005『地球環境化学入門』をもとに作成、原著は Andrews et al., 2003 "An Introduction to Environmental Chemistry, Second Edition", Blackwell Publishing

のです。

　必須微量元素は、生物種によって異なります。ヒトの場合、クロム（Cr）、マンガン（Mn）、鉄（Fe）、銅（Cu）、亜鉛（Zn）、セレン（Se）、モリブデン（Mo）、ヨウ素（I）、コバルト（Co）の9元素が必須微量元素といわれています。ほかにも、ヒ素（As）、カドミウム（Cd）、鉛（Pb）など、一般的にヒトにとっては有害であると知られている重金属の元素も、微量においては必須の役割を果たしている、との説もあります。実は、元素の必須性の研究は難しく、生物による違いもあるため、必須微量元素のリストはいまだ確定していないのが現状です。

　またほとんどの元素は、必須かどうかにかかわらず、過剰に摂取してしまうと、人体にとっては有害となります（図4-3）[※1]。微量元素の必須性と

Ia	IIa	IIIb	IVb	Vb	VIb	VIIb	VIII			Ib	IIb	IIIa	IVa	Va	VIa	VIIa	0
H																	He
Li	Be											B	C	N	O	F	Ne
Na	Mg											Al	Si	P	S	Cl	Ar
K	Ca	Sc	Ti	V	Cr	Mn	Fe	Co	Ni	Cu	Zn	Ga	Ge	As	Se	Br	Kr
Rb	Sr	Y	Zr	Nb	Mo	Tc	Ru	Rh	Pd	Ag	Cd	In	Sn	Sb	Te	I	Xe
Cs	Ba	La	Hf	Ta	W	Re	Os	Ir	Pt	Au	Hg	Tl	Pb	Bi	Po	At	Rn
Fr	Ra	Ac	Th	Pa	U												

■ 毒性が強い元素（半数致死量が10^{-3} M/kg以下）
■ 毒性が中程度の元素（半数致死量が10^{-3}〜10^{-2} M/kg）
■ 毒性が弱い元素（半数致死量が10^{-2} M/kg以上）

図4-4　元素の急性毒性
出典：森田・高野著, 2005『環境と健康』をもとに作成

毒性（有害性）を評価する場合、適正な摂取量がどの程度なのかということが重要になります。

図4-4[※2]は、いろいろな元素の急性毒性の強さを示したものです。ご覧いただければわかるとおり、水銀、鉛のように比重の重い金属（いわゆる重金属）に毒性の強いものが多くありますが、軽い金属でもベリリウム（Be）のように毒性の強いものもあります。必ずしも、重金属だけが毒性が高いというわけではないのです。

微量元素の毒性は、その化学形態の違いによっても大きく異なります。例えば、重金属の1つである水銀は毒性の強い元素ですが、無機水銀よりもメチル水銀（CH_3Hg^+）などの有機水銀のほうがケタ違いに毒性が高くなります（水銀の毒性については第3章で詳しく解説しました）。水銀とは対照的に、ヒ素の場合は、海藻類や魚介類に含まれる有機ヒ素化合物が一般に毒性が低いのに対し、無機ヒ素化合物、中でも、三酸化二ヒ素（As_2O_3）

は猛毒で、殺鼠剤《さっそ》やシロアリ駆除剤などとして使用されるだけでなく、古くは毒殺にも多用されてきました。さらに、微量元素の毒性は、摂取する生物の年齢や性の違いによって大きく異なるだけでなく、どのような食品から摂取するかによっても元素の吸収率が違ってきますので、実際には大変複雑です。

日本における重金属による環境汚染

日本は高度成長期に、重金属により数々の公害病を経験した反省から、厳格な環境基準を設けました。その結果、１９８０年以降、重金属による局所的な汚染は急激に減少し、ヒトに対して深刻な健康被害が起こるようなことはほとんどなくなりました。

それでは、重金属によりヒトへの健康影響が明らかになった高度成長期には、公害病が発生した地域以外において、環境はどの程度汚染されていたのでしょうか。

残念ながら、過去にタイムスリップをして環境試料を採取し、重金属の濃度を調査することはできません。しかし実は、内湾や湖の堆積物コア試料を測定することで、過去の重金属汚染に関する貴重な情報を得ることができます。

私たちの研究グループは、東京湾で堆積物コア試料を採取し、その中に含まれている重金属の濃度を調べてみました。天然に存在する鉛-２１０放射性同位体（^{210}Pb）から堆積速度の算出を

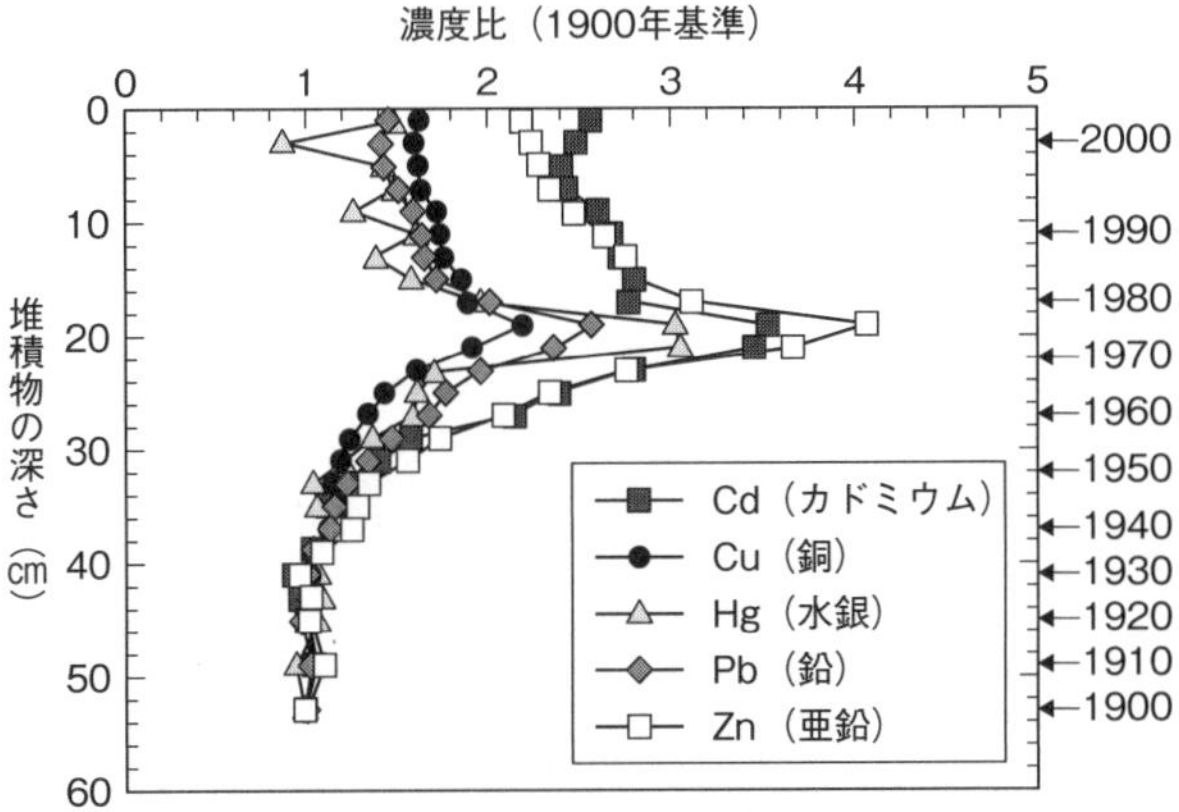

図4-5　東京湾堆積物コア中の重金属濃度の鉛直分布
出典：Sakata et al., 2008

行った結果、今回採取した東京湾の堆積物コア試料は、50㎝堆積するのに、約１００年かかったことがわかりました。

図４-５[※3]に、東京湾の堆積物コア試料中の重金属濃度の測定結果を示します。グラフを見ると、私たちが環境汚染の指標として調査した重金属は、１９５０〜１９６０年代の高度成長期に濃度が急増していたことがわかりました。そしてその後、さまざまな環境対策の効果もあり、１９７０年代以降は、急激に濃度が減少していることもわかります。東京湾の堆積物コア試料を測定することにより、過去に重金属が環境に与えた影響、そして、近年の環境対策による効果が明らかとなったのです。

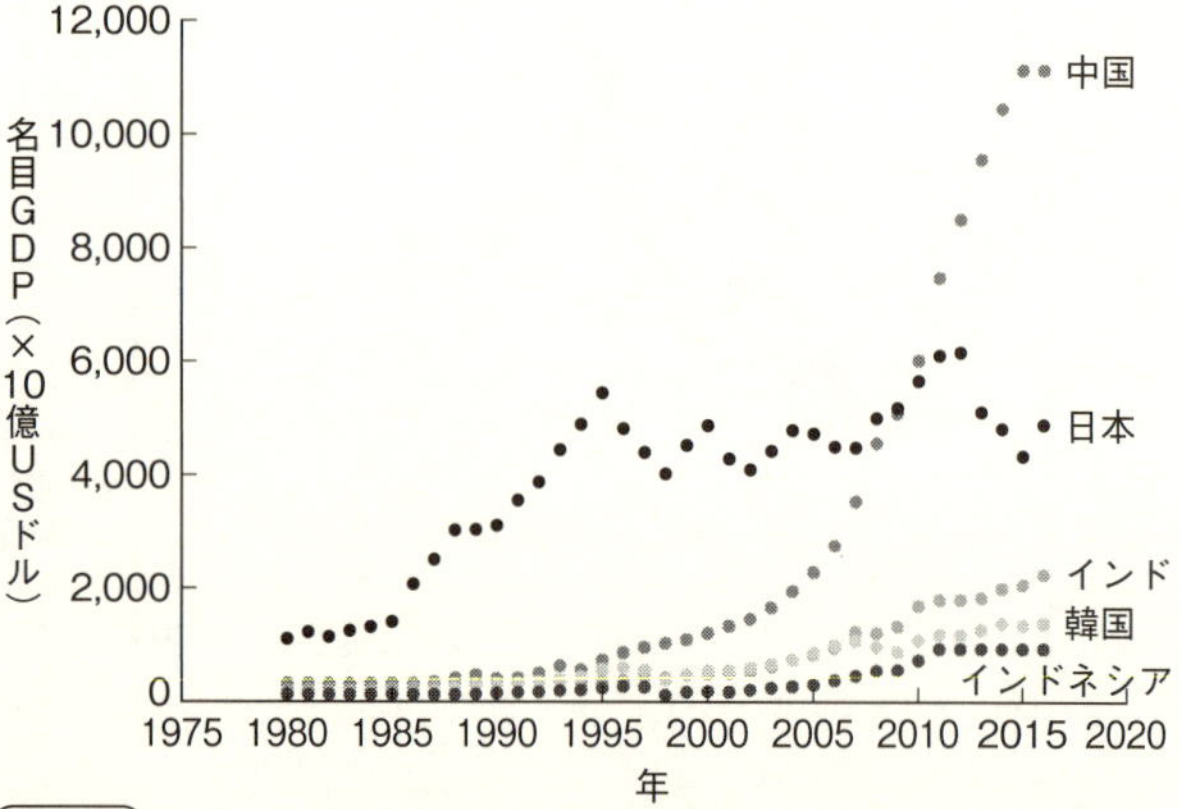

図4-6 アジア5ヵ国の名目GDPの経年変化（1980～2016年）
出典：IMF - World Economic Outlook Databases

新たな問題「越境汚染」の可能性

日本では、重金属におけるヒトや環境への影響はおさまってきたことがわかりました。しかし、過去の日本のような状況は、他の国では起きていないのでしょうか？

近年、アジアの国々では経済活動が活発となり、目覚ましい発展を遂げてきています。2016年におけるアジアの名目GDP（国内で一定期間内に生産されたモノやサービスの付加価値の合計額）ランキングは、1位中国、2位日本、3位インド、4位韓国、5位インドネシアとなっています。図4-6[※4]に示したとおり、かつて日本は1位でしたが、2010年に中国に追い抜かれ、あっという間に約2倍の差となりました。グラフからは、近年日本近隣のアジア諸国が急速に経済成長していることが一目瞭然です。

現在、急速な経済成長の途上にあるアジアの国々では、環境対策の不備により、日本で起きたような大規模な公害が発生し、大きな社会問題になっています。近年、こうしたアジア近隣諸国からの重金属の越境汚染が懸念されています。

アジアの名目GDPで1位である中国では、一次エネルギーの約70%をいまも石炭に依存しています。実は、石炭にはヒ素（As）が数ppm（1ppmは百万分の1を意味し、石炭1kg中にヒ素が1mg含まれる濃度のこと）～数十ppm含まれており、石炭を燃焼することにより、大気中にヒ素が発生することが知られています。

ヒ素は揮発性が高いため、燃焼過程でガス化し、大気中には多くがガス状で排出されますが、中国では環境対策が不十分なこともあり、大量のヒ素が大気中に排出されています。

日本には、冬は北西方向から、夏は南東方向から風が吹いてきます。これを季節風と呼びます。また日本の上空には、偏西風と呼ばれる西風が年間を通じて吹いています。大気汚染が激しい中国の東側に位置する日本では、特に、冬になると強い北西の季節風が吹いてきて、中国の大気汚染の影響を受けるものと考えられます。

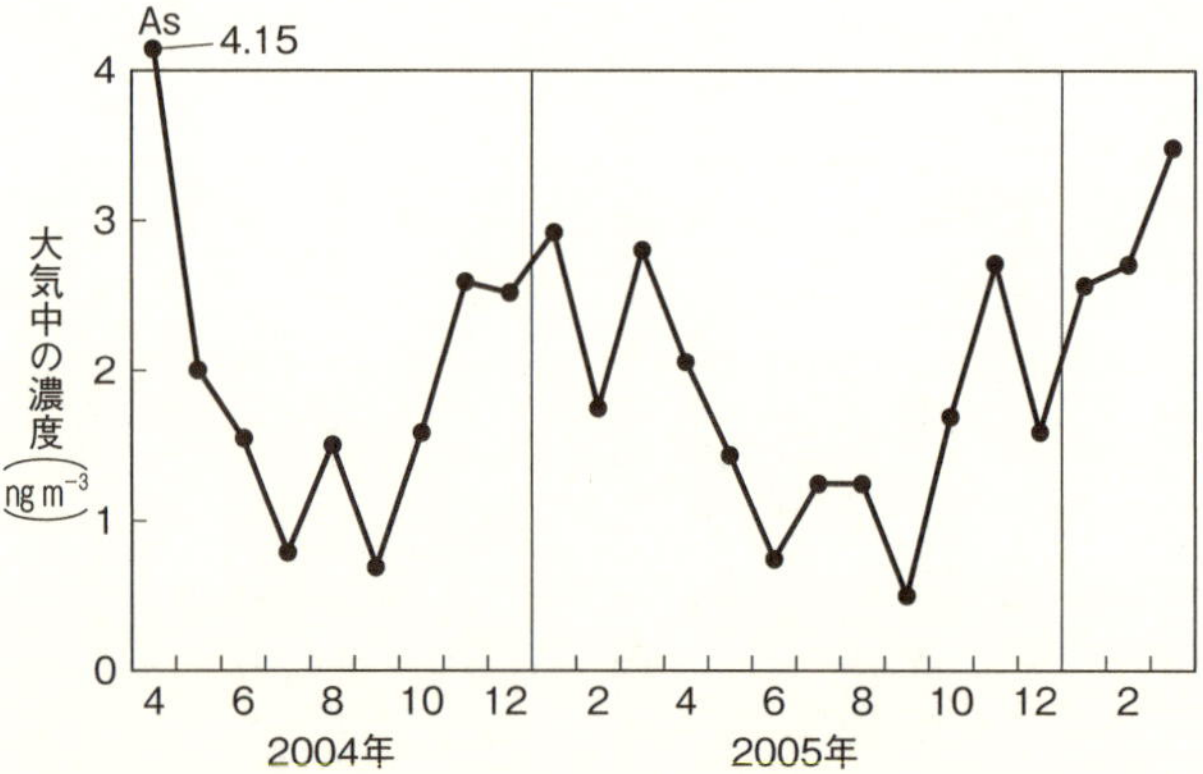

図4-7 長崎県松浦市における大気中のヒ素濃度の季節変化
出典：Sakata et al., 2011

「越境汚染」をとらえる

そこで私たちの研究グループは、越境汚染の影響をモニタリングするため、全国10ヵ所で、２００４年４月から２００６年３月までの２年間にわたって大気中の重金属濃度の調査を行いました。

図４-７[※5]は、10ヵ所の観測地点の中で、中国に最も近いところに位置する長崎県松浦市における大気中のヒ素濃度の結果です。２００４年４月から２００６年３月までの期間に、夏に濃度が低下し、冬に濃度が上昇していることがわかります。

図４-８[※6]は、10ヵ所の観測地点において、２００４年４月から２００６年３月までの冬（12月～２月）のヒ素の平均濃度を、各地点の経度に対してプロットした結果です。大気中のヒ素濃度は西日本で高く、より東の地点ほど低下する傾向にありました。

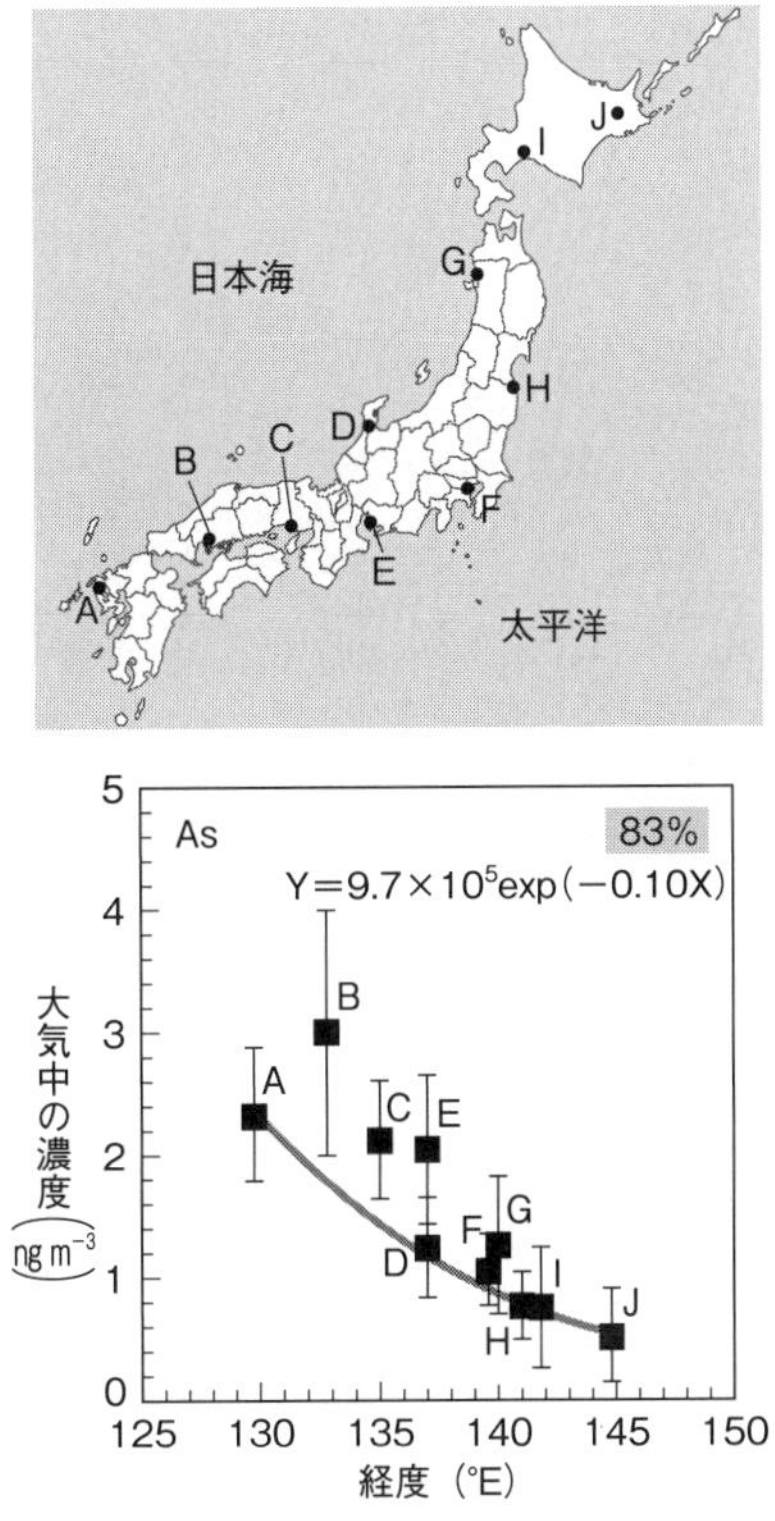

図4-8
全国10地点における冬季大気中のヒ素濃度と経度との関係
図中の%は、総濃度に対する中国からの寄与（10地点の平均）を示す。寄与度の算出法は以下のとおり。日本の主要な大気汚染物質の排出源からの影響が小さいと判断される3地点（A：長崎県松浦市、D：石川県中能登町、J：北海道別海町）の経度と濃度を用いて、両者の関係式（図の曲線）を求め、この曲線よりも下の部分は、主に中国から運ばれてきたヒ素が寄与している部分と仮定した。次に、各地点で観測されたヒ素の総濃度とこの曲線の濃度との差は、主に日本の排出源からのヒ素が寄与している部分と仮定して、寄与度を算出した（出典：Sakata et al., 2014）

詳細な説明は図表解説に記載しますが、日本の主要な大気汚染物質の排出源からの影響が小さいと判断される3地点（A：長崎県松浦市、D：石川県中能登町、J：北海道別海町）のデータを用いて、大気中のヒ素の総濃度に対する中国からの寄与度を算出したところ、全国10地点平均で中国の寄与度は83%となりました。日本の冬季における大気中のヒ素濃度は、中国からの影響を広い範囲にわたって強く受けていることが明らかになったのです。

中国では、黄海および渤海湾《ぼっかいわん》の沿岸部から内陸部に広がる地域（図4-9で北緯30～40度の範囲にある灰色の地域）に上海、南京、天津などの大都市が集中し、工業活動が活発で石炭も大量に消費されています。この地域では大気が非常に汚染されており、そこを通ってきた空気塊が日本に到達すると、大気中の汚染物質の濃度も上昇すると考えられます。

そのため私たちは、後方流跡線解析と呼ばれる方法を用いて、時間を遡りながら空気塊がどこを通ってきたのかを調べてみました。その結果、ヒ素濃度が高いA地点（長崎県松浦市）では、冬季に到達した空気塊のほとんどは、まさに中国の北緯30～40度を通ってきていることがわかりました（図4-9）[※7]。私たちの観測により、日本でいま起きている中国からの重金属による越境汚染の影響をとらえることができたのです。

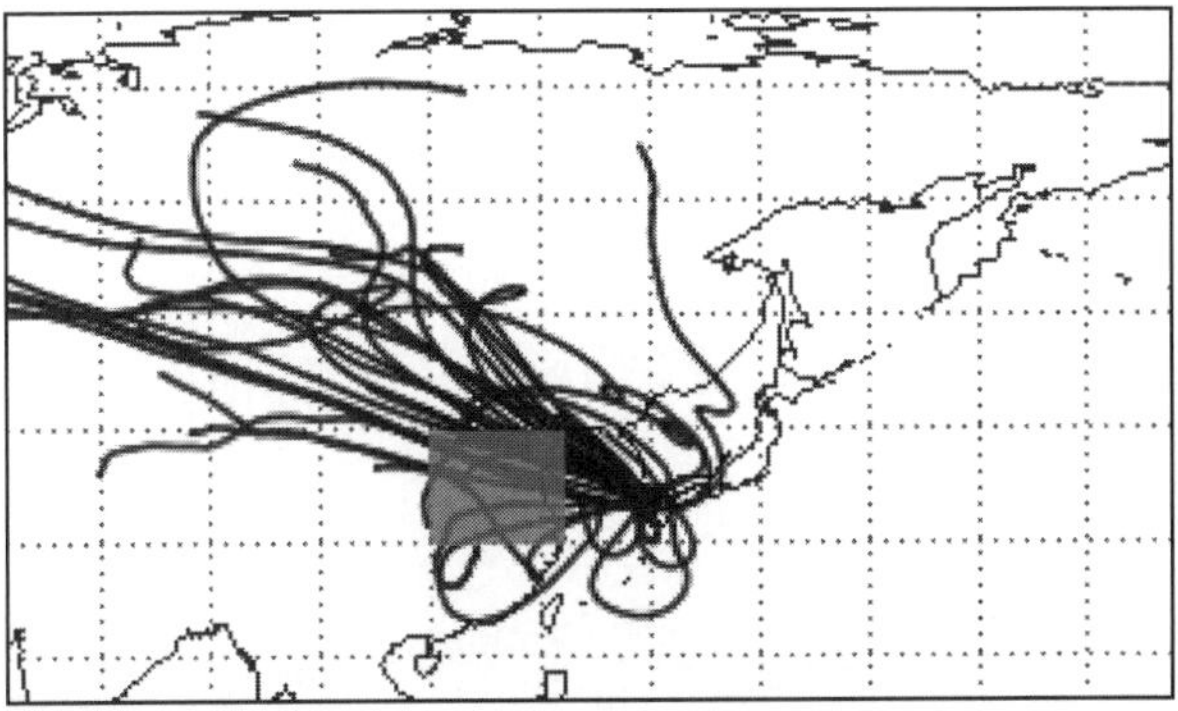

図4-9　長崎県松浦市に運ばれてきた空気塊の移動経路（後方流跡線解析結果）
灰色の地域（北緯30～40度）は、中国の大都市が集中しており、工業活動が活発で石炭も大量に消費されている
出典：Sakata et al., 2013

空から降ってくる重金属

越境汚染で運ばれてきた重金属の多くは、雨や雪によって大気から除かれて地上に落下します。これを「湿性沈着」と呼びます。これに対し、重金属がエアロゾルやガスの状態で地上に降ってくることを「乾性沈着」と呼びます。これらのプロセスを通して、重金属は、発生源から遠く離れた地域の水や土壌を広く汚染し、その一部は、やがて農作物や魚介類に濃縮されていきます（図4-10）。

越境汚染によってもたらされた重金属がヒトの健康や生態系に与えるリスクを正確に評価するためには、大気から降ってくる量はもちろんのこと、環境中のさまざまなプロセスにおける重金属の動態を定量的に明らかにする必要があります。

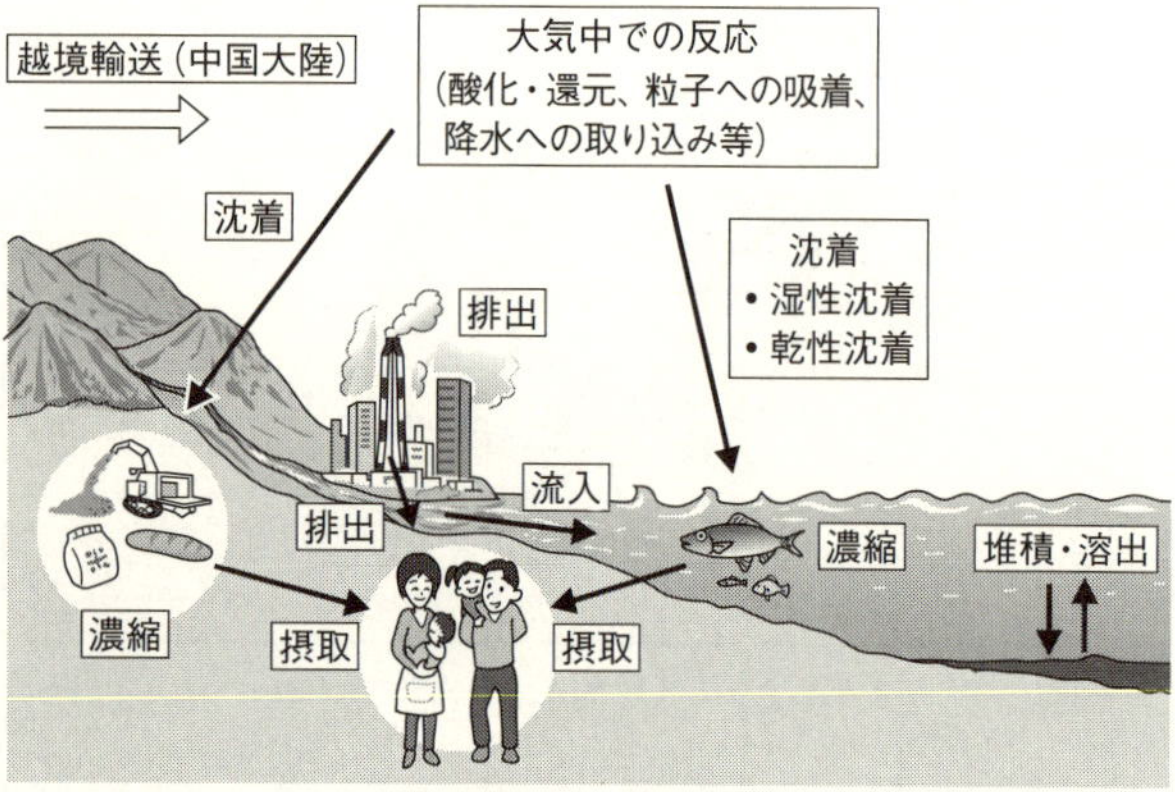

図4-10 環境中における有害微量元素の動態

そこで私たちは、これまで、あまり知られていなかった日本における重金属（水銀、ヒ素、カドミウム、鉛など12元素）の湿性および乾性沈着量の実態を明らかにするため、独自に開発したサンプラーを使って調査を行いました。

サンプルを分析した結果、日本海側に位置する長崎県松浦市、石川県中能登町および秋田県能代市は、中国からの越境汚染の影響を強く受け、ヒ素、カドミウム、鉛、セレンの年間湿性沈着量（1年間に1m²当たりに降った量）は、いずれも他の地点に比べて高い値を示しました（図4−11）。※8

また、それらの月ごとの湿性沈着量と降水中の平均濃度は、冬から春にかけてともに著しく増加しています。この季節の雨や雪の鉛濃度は、公共用水域の水質環境基準（0・01mg／L

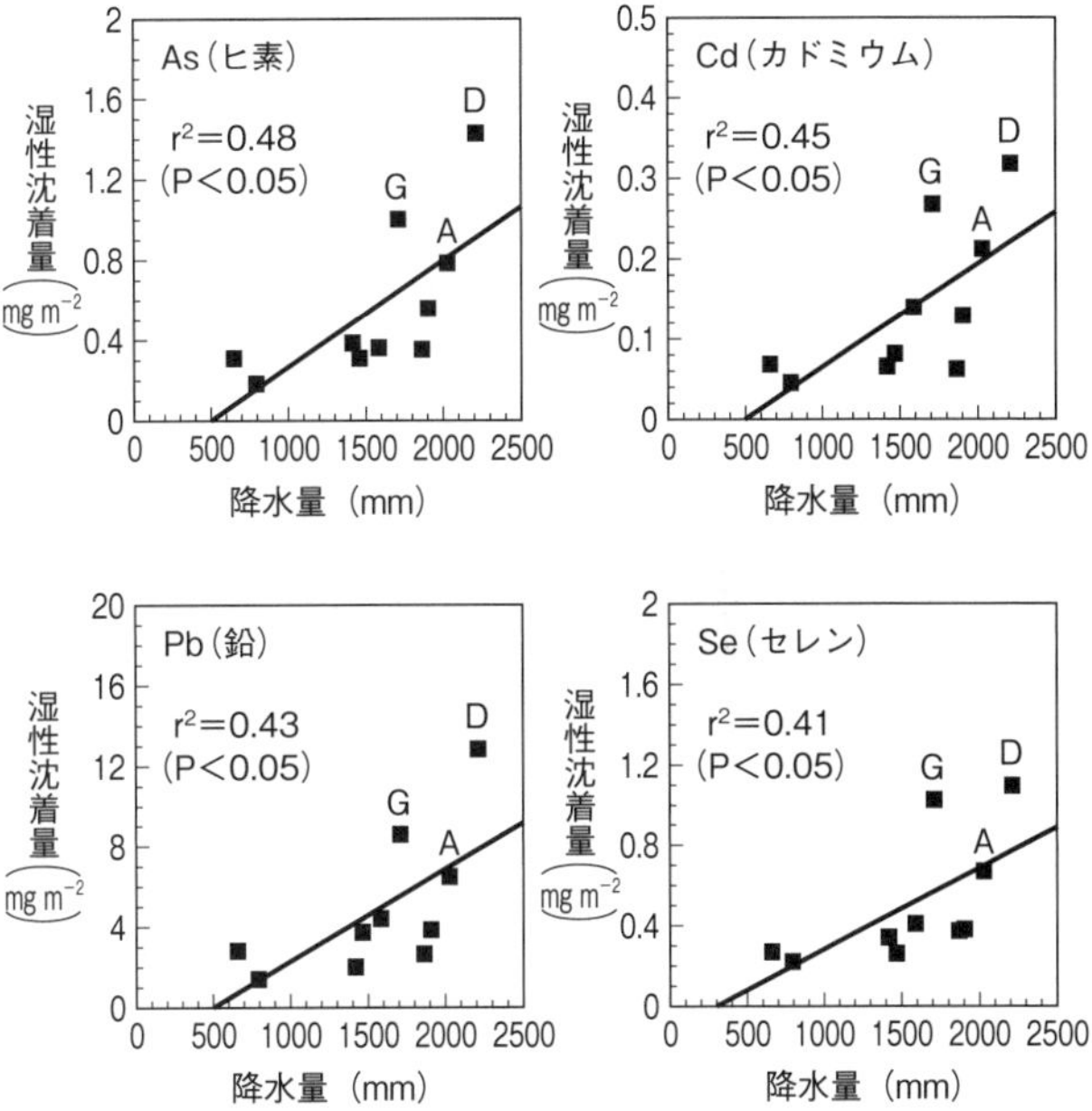

（図4-11）全国10地点におけるヒ素、カドミウム、鉛、セレンの年間湿性沈着量と年間降水量の関係

図中のAは長崎県松浦市、Dは石川県中能登町、Gは秋田県能代市のデータを示す。いずれも日本海側に位置する観測地点（図4-8参照）

出典：Sakata et al.,2006

＝10μg／L）と比較するとこれを超えており、日本海側では、鉛でかなり汚染された雨や雪が降っていることが明らかになりました[※9]。

一方、水銀の年間湿性沈着量は、ヒ素、カドミウム、鉛、セレンで見られたような日本海側の地点が高い値を示すことはなく、地点間の違いは降水量の違いによることがわかりました[※8,10]。湿性沈着量は、降水中の水銀濃度と降水量との積から算出されますので、この結果は、降水中の水銀濃度は全国の地点でほぼ等しいことを意味します。さらに、降水中の水銀濃度は日本と北米でほぼ一致していました。大気中のガス状金属水銀は、平均滞留時間が約1年と長く、その濃度は地球全体で平均化されるため、水銀の湿性沈着量も地域における水銀排出量の影響をあまり受けないと考えられています（詳しくは第3章を参照）。

また、各地点における重金属の乾性沈着量を測定した結果、元素の種類によって湿性沈着と乾性沈着の寄与が異なっていることが明らかになりました。※8 水銀、カドミウム、鉛、セレンでは、湿性沈着の寄与が大きく、それとは反対にクロム、銅、マンガン、モリブデン、ニッケル、バナジウムでは、乾性沈着の寄与が大きくなっていました。

この違いは、重金属が大気中でどのような粒径の粒子に含まれるかに関係しています。すなわち、湿性沈着の寄与度の高い元素は、燃焼過程で揮発しやすいため、ガス状または微小粒子に多く含まれ、大気中に長時間滞留し、やがて降水に取り込まれて地上に沈着します。

一方、乾性沈着の寄与度が高い元素は、燃焼過程で揮発しにくいため、粗大粒子に多く含まれ、降水に取り込まれる前に発生源の近くに乾性沈着しやすくなります。

このことから、湿性沈着を起こしやすい元素は、水銀を除いて、中国からの越境汚染の影響が大きいことがわかります。

冬場に季節風が日本海を渡る間に、温かい対馬暖流から大量の水蒸気を受け、それを日本海側の各地に大量の雪として降らせます。その際に、冬季の大陸で石炭の燃焼などに伴い発生して、同じく季節風に乗って運ばれてきた重金属が湿性沈着し、日本海側の土壌や河川水、底質を汚染していく様子が、私たちの研究からわかってきました。

堆積物コア試料に残された越境汚染の可能性

私たちのこれまでの研究により、日本の西側の地域では、越境汚染の影響が確認できました。先ほど、東京湾の堆積物コア試料において、日本における過去から現在までの重金属による環境汚染を調べた結果を紹介しました。それでは、西日本の日本海側に位置する水域で採取した堆積物コア試料には、越境汚染の影響が表れているのか気になるところです。そこで私たちは、東京湾の堆積物コアの分析に用いられた手法と同じ手法で、宍道《しんじ》湖《こ》[※11]（島根県）から採取した堆積物コア中の重金属の濃度を調べてみることにしました。図4-12に、結果を示します。

グラフを見るとおわかりいただけるように、カドミウム、鉛、亜鉛は、1980年以降の堆積物上層で、徐々に値が高くなっていることがわかりました。先ほどの東京湾の堆積物コア試料を測定した結果では、重金属の濃度は高度成長期に急上昇し、その後徐々に減少していることがわかりました。東京湾の結果と比較すると、宍道湖の結果は大きく異なっています。これは、越境

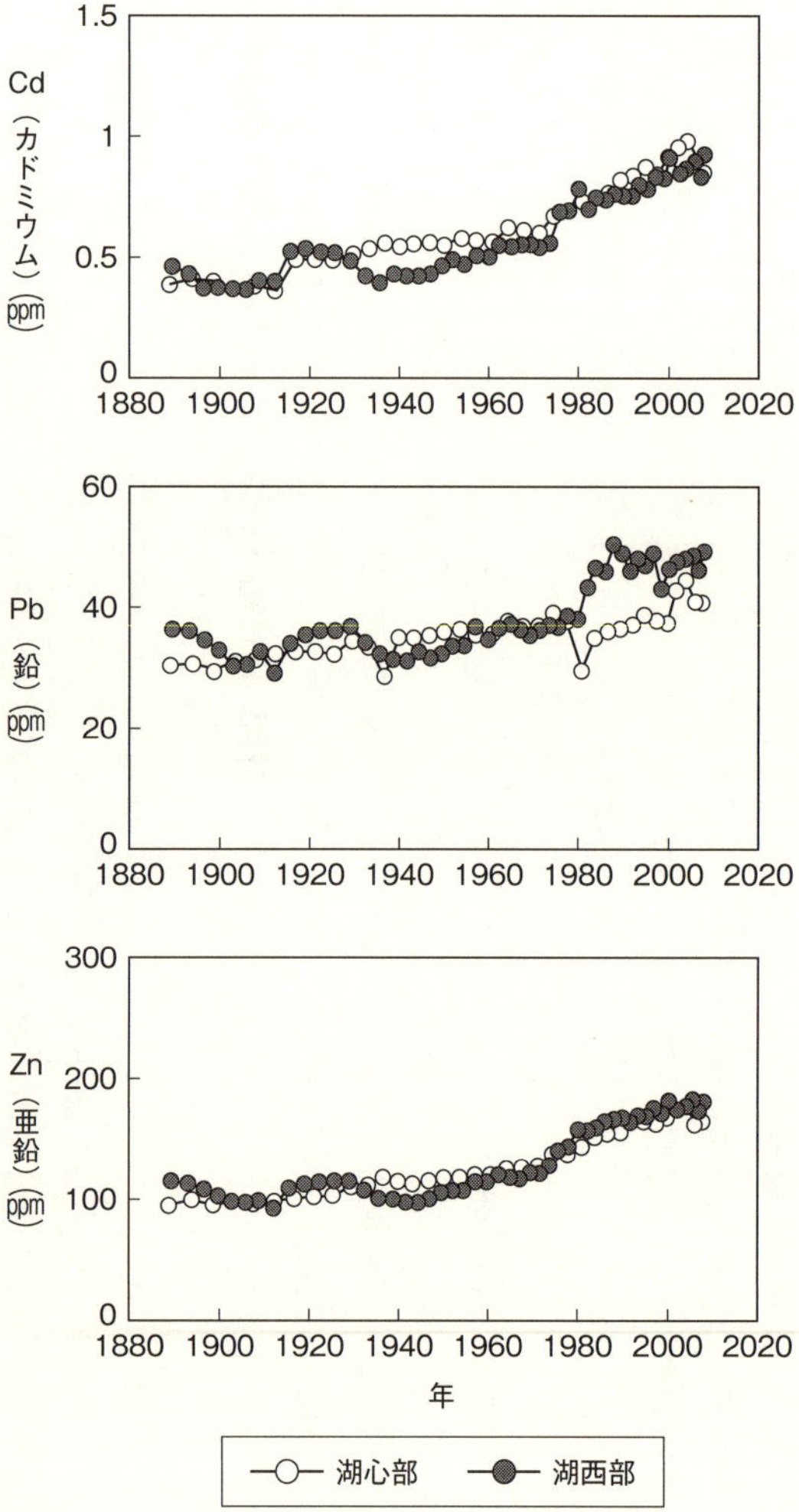

（図4-12）宍道湖堆積物コア（2地点）中のカドミウム、鉛および亜鉛濃度の鉛直分布

出典：Kusunoki et al.,2012

汚染の影響を表しているようにも見えます。

そこで私たちは、さらに詳しく調べるために、鉛の同位体比を利用して汚染源を推定してみることにしました。専門的になるので、簡単に説明したいと思います。天然に存在する鉛は、質量数が異なる4種類の安定同位体（^{204}Pb、^{206}Pb、^{207}Pb、^{208}Pb）からなります。これらの同位体のうち3つは、ウランやトリウムなどの寿命の長い放射性同位体が次第に崩壊してできてきたもので、鉛の同位体比は、鉛を採掘した鉱床ごとに異なる特有の値をとります。工業生産や自動車利用などによって環境中に放出された鉛も、その元になった鉛鉱物の同位体比を反映して特有な値を持つため、その鉛の同位体比を精密に測定することで、鉛の発生源を推定することが可能となります。

宍道湖の堆積物コアの鉛同位体比を測定した結果、1980年以降に新たに堆積物に付加された鉛の同位体比は、日本ではなく、中国や韓国などのアジア大陸を起源とするエアロゾルに含まれる鉛の値に類似していることがわかりました[※11]。

カドミウムと亜鉛の汚染源については、排水流入などによるローカルな影響もあり、現時点では確定的なことは言えませんが、今回得られた堆積物コア試料中の重金属の濃度と鉛の同位体比の測定結果より、中国からの越境汚染が、宍道湖の堆積物に何らかの影響を与えていることは間違いないと思います。

重金属による環境問題のこれから

本章では、公害病から始まった日本の環境汚染の歴史について振り返るとともに、近年、越境汚染という新たな問題を引き起こしている、古くて新しい不都合な物質、重金属を中心にお話をしてきました。

国内での対策ではコントロールできない越境汚染を解決するためには、日本の周辺国のみならず、国際的な取り組みが重要であると考えられます。さらに、日本においては重金属による環境汚染レベルは下がっている、と説明しましたが、その一方で、現在、これまで問題ないとされてきた低い濃度レベルでの水銀や鉛による胎児や小児への健康リスクが問題となり始めています。

さらには、ヒトの健康保護だけでなく、生態系への影響も配慮することが求められるようになってきました。このように、すでに解決されたかのように思われてきた重金属による環境問題が、再びクローズアップされつつあります。まさに、「古くて新しい」といえるこの問題に、これからも注目していきたいと思います。

（坂田昌弘　静岡県立大学食品栄養科学部教授）

第５章

知られざるＰＭ２・５
——何が原因？　どこからやってくる？

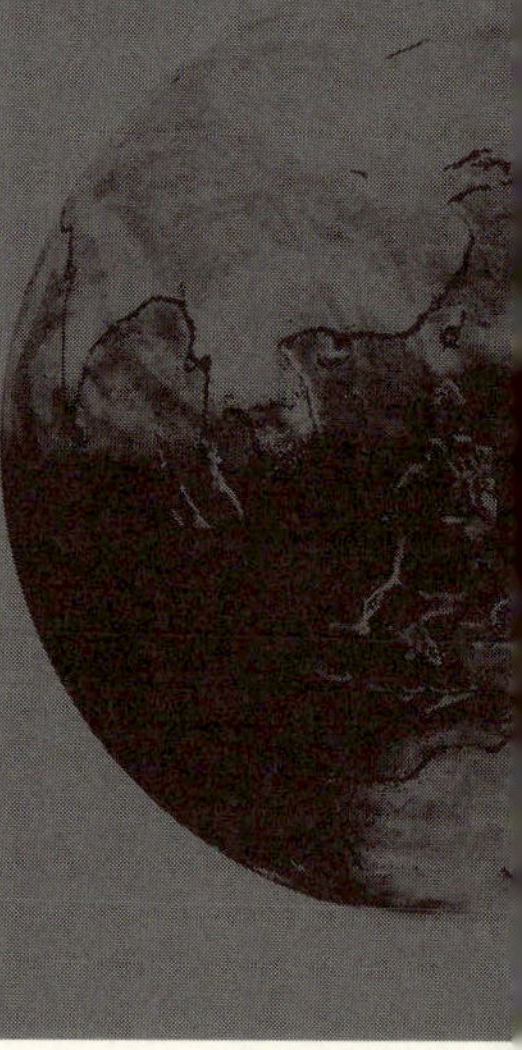

誰でも知っているが誰も知らない

「ＰＭ２・５」（ピーエムニーテンゴと読みます。正しくは$PM_{2.5}$）は一般にはほとんど知られていなかった専門用語ですが、２０１３年頃に中国で大気中のＰＭ２・５が非常に高濃度になったり、通院患者が増えている様子をメディアが連日報道したため、今では一般市民の多くが知る用語となりました。一方、「ＰＭ２・５という新たな猛毒物質が発生し始めた」とか「日本では発生していないＰＭ２・５が他の国から運ばれてくる」といった誤解も生じているようです。本章では、ＰＭ２・５について、その定義、健康影響、構成成分、起源、そして国や自治体または個人ができる対策などについて解説します。なお、ＰＭ２・５の起源や大気中の動態（ふるまい）に関する研究例について詳しく知りたい方は、巻末の参考文献にあげた総説[※1]をご参照ください。

PM2・5とは、空気中に浮遊している、目に見えないほど小さい直径2・5㎛（1㎛は1000分の1㎜）以下の粒子（Particulate Matter）のことで、「微小粒子状物質」とも呼ばれます。より正確には、「PM2・5とは大気中に浮遊する粒子状物質であって、粒径が2・5㎛の粒子を50%の割合で分離できる分粒装置を用いて、より粒径の大きい粒子を除去した後に採取される粒子」と定義されています。

このように、PM2・5は粒子の大きさだけで定義されているため、ある一つの化学物質というわけではありません。PM2・5はさまざまな発生源から排出され、種々の化学成分で構成される混合物で、形や大きさもさまざまなのです。

PM2・5は猛毒物質？

2013年頃のテレビ報道を見ていたら、PMを研究対象としてきた私でも、あたかも「PM2・5という未知の猛毒物質」が空から降ってくるような印象を受けました。ですから、「PM2・5」という言葉を初めて聞いた方が、そのように感じたとしても無理はありません。しかし実際はどうでしょうか？　確かに、PM2・5は、呼吸により吸い込むことで、人の健康にさまざまな悪影響を及ぼすことが知られています（例えば、図5-1）。

PM2・5の健康影響には、発がんのように、数ヵ月程度以上の長期間にわたる曝露によって

曝露期間	健康影響	因果関係
長期曝露（数ヶ月以上）	死亡	明確
	心血管系（循環器）	明確
	呼吸器系	ほぼ明確
	生殖・発達	示唆
	発がん、変異原性、遺伝毒性	示唆
短期曝露（数時間～数日程度）	死亡	明確
	心血管系（循環器）	明確
	呼吸器系	ほぼ明確
	中枢神経系	不十分

図5-1 大気中の$PM_{2.5}$による人への健康影響の例
出　典：U.S. Environmental Protection Agency (2012) Provisional Assessment of Recent Studies on Health Effects of Particulate Matter Exposure, EPA/600/R-12/056F. をもとに作成

生じるものと、数時間から数日程度の短期間の曝露によって生じるものの両方があります。このうち、死亡のように、PM2・5の濃度増加が健康に影響すること（因果関係）が明確な影響もありますが、発がんなど因果関係が示唆されるに留まっている影響もあります。なお、世界保健機関（WHO）の外部組織である国際がん研究機関（IARC）は、大気浮遊粒子を発がん物質（Group1）であるとしています。

ただし、PM2・5を吸い込むと、必ず健康に悪影響が生じるというわけではありません。単一の化学物質の場合と同様、PM2・5によって健康影響の生じる確率（リスク）は、曝露の大きさと毒性の大きさとの掛け算でおおむね決まります。[※2] PM2・5の短期曝露による健康影響に関しては、世界中での100以上の研究

の大部分でＰＭ２・５濃度と死亡との間に正の関連性が示されており、ＰＭ２・５濃度が10㎍／m^{3}上昇すると全死亡や呼吸器系・循環器系の死亡リスクが０・数％～数％程度増加すると推計されています。すなわち、ＰＭ２・５濃度が高くなるほどリスクが高まるのです。

一方、「人の健康の適切な保護を図るために維持されることが望ましい水準」として環境基準が定められています。日本のＰＭ２・５の環境基準は年平均値15㎍／m^{3}以下かつ日平均値35㎍／m^{3}以下ですが[※3]、これらの値を超える濃度に曝露されたからといって、直ちに健康への悪影響が出るわけではありません。したがって、日々のＰＭ２・５濃度の変動を過度に心配する必要はないと私は思います。

日本では、環境省が、環境基準に加えて、「注意喚起のための暫定的な指針」を２０１３年に提示しました[※3]。そして、日平均値で70㎍／m^{3}を超えると予想される日には、不要不急の外出や屋外での長時間の激しい運動をできるだけ減らすこと、呼吸器系や循環器系疾患のある方や小児・高齢者等の高感受性者にはさらに慎重な行動を呼びかけています。

なお、現在では、環境省だけでなく、さまざまな機関がＰＭ２・５の基本的な情報、リアルタイム測定値、予想される濃度などの情報をインターネット上で公開しています[※3～6]。

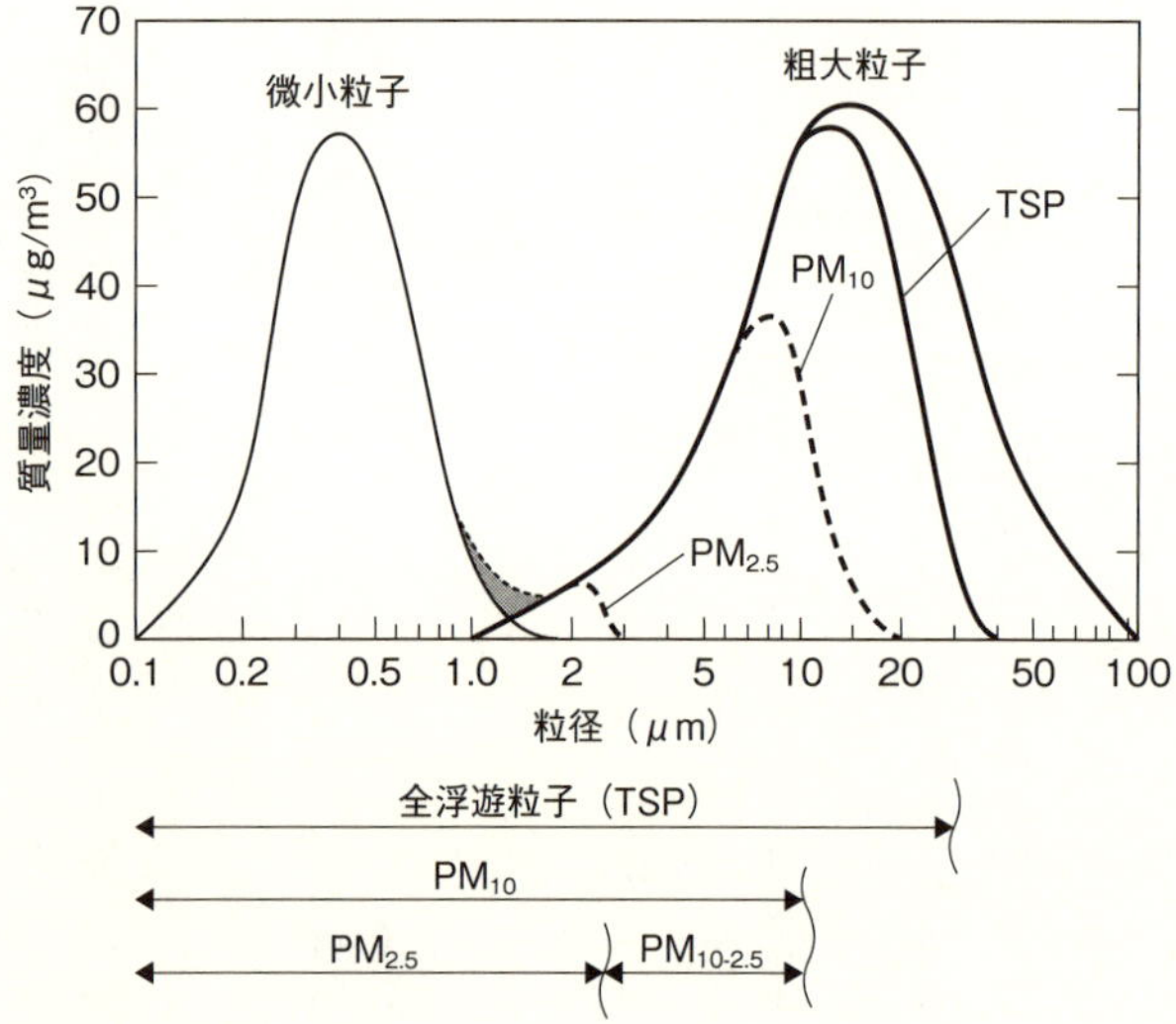

図5-2 大気中の粒子状物質の典型的な粒径分布
出典：Wilson, W. E., Suh, H. H.: Fine Particles and Coarse Particles: Concentration Relationships Relevant to Epidemiologic Studies, Journal of the Air & Waste Management Association, 47, 1238-1249 (1997) を引用、和訳

PM2・5は何でできている？

次にＰＭ２・５の大きさや形、構成成分などについて解説します。大気中には、さまざまな大きさ・形・成分の粒子状物質が浮遊しており、典型的には図5-2のような二山の粒径分布をしています。一つ一つの粒子には、その粒径（直径）が0・1㎛程度の小さいものもあれば、10㎛程度と大きいものもありますが、それらを全体として見ると、図5-2のような分布になるというわけです。前述したように、ＰＭ２・５は直径が２・５㎛以下の粒子の総称で

すから、粒径が２・５㎛のものもあれば、０・１㎛のもの、さらにはもっと小さい粒子もＰＭ２・５に含まれることになります。

私たちは、ＰＭ２・５の起源や動態、健康影響等を知るため、ＰＭ２・５の重さや含まれる化学物質の測定を行ってきました。一般に、ＰＭ２・５の成分を測定するためには、まずＰＭ２・５を集めなくてはいけません。大気中のＰＭ２・５を捕集する際には、図５‐３に示したような装置を用います。捕集装置は屋外大気をポンプを使って装置内部に吸引し、まず、サイクロンやインパクターと呼ばれる分粒装置を使って、粒径が２・５㎛より大きい粒子を除去します。

サイクロンとは、気流をぐるぐる回すことで生じる遠心力によって大きな粒子状物質を外側に押し付け、除去する装置のことで、家庭用の掃除機にも用いられていますので、その原理をイメージできる方も多いのではないでしょうか。そして、大きな粒子を除去した後に、試料採取用のフィルターに試料空気を吸引することでＰＭ２・５がフィルター上に濾過《ろか》されて捕集されるのです。環境省の環境大気常時監視マニュアルでは、ＰＭ２・５の試料採取には、最も捕集効率が低い粒径０・３㎛の粒子の捕集効率が99・７％以上のフィルターを用いるよう定めていますから、粒径２・５㎛より小さな粒子はほぼすべてこのフィルターに捕集されることになります。

フィルター上に捕集されたＰＭ２・５の一例を図５‐３に示します。私の自宅と職場がある茨城県つくば市で、大気を24時間採取（流量５８０Ｌ／ｍｉｎ）すると、写真のような色になりま

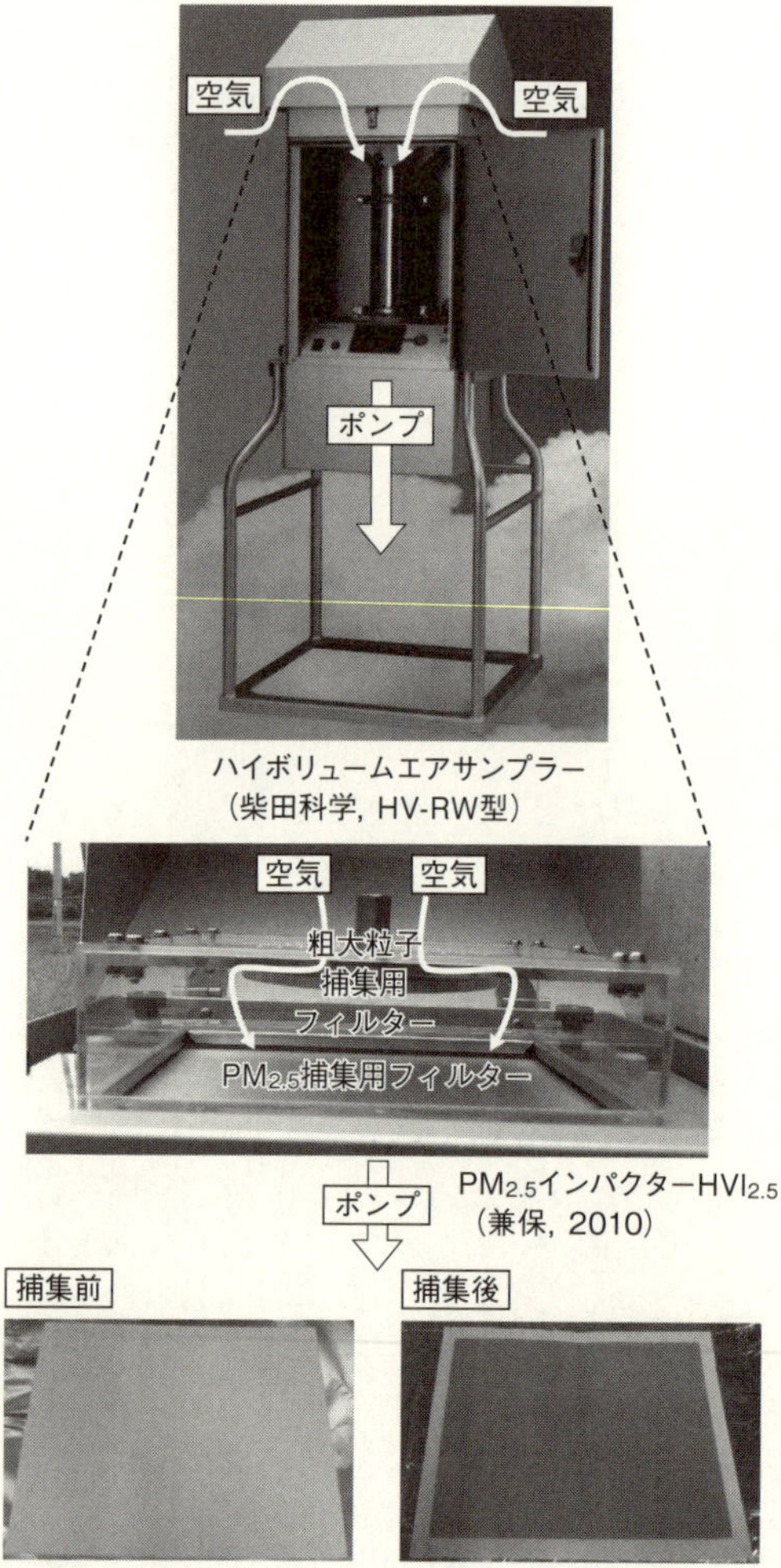

$PM_{2.5}$捕集後のフィルター（石英繊維フィルター, つくば, 24時間採取）

図5-3 大気中$PM_{2.5}$の捕集装置と捕集前後のフィルターの例

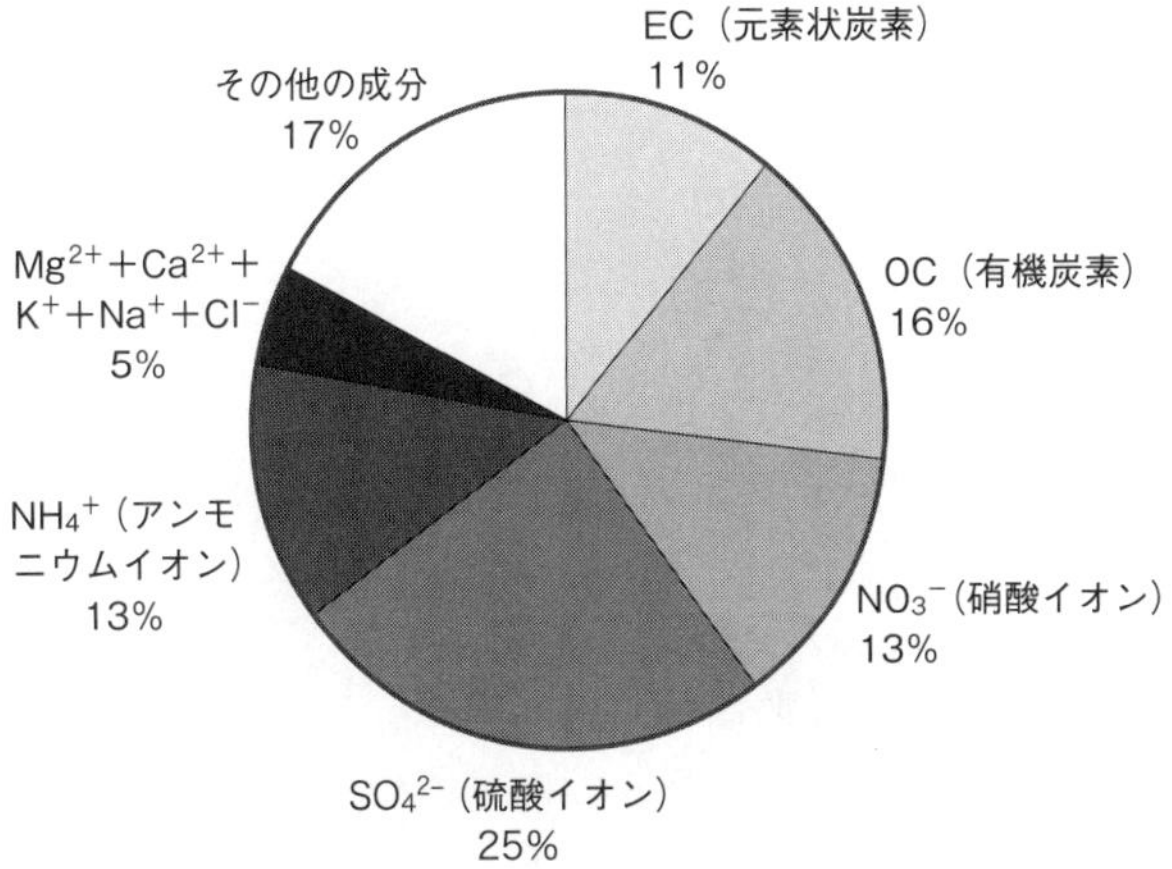

図5-4　大気中$PM_{2.5}$の構成成分
（東京都の都市部一般局における2004～2008年度の平均値）PM2.5質量濃度は22.6μg/m^3
出典：中央環境審議会大気環境部会、微小粒子状物質環境基準専門委員会報告（2009年）

す。このように、PM2・5というのは大きい粒子を除いただけのものなので、さまざまなサイズ、形、組成のものが雑多に入り交じることになります。

大気中PM2・5の構成成分の一例を図5-4に、またディーゼル排気粒子の典型的な形と構成成分を図5-5に示します。

大気中のPM2・5の形や大きさ、構成成分はディーゼル排気粒子よりもさらに多様ですが、典型的には、いわゆる煤《すす》といわれる元素状炭素（ブラックカーボン、黒色炭素と呼ばれることもあります）や土・砂などの固体粒子の周囲を有機物や無機塩（硫酸アンモニウムや

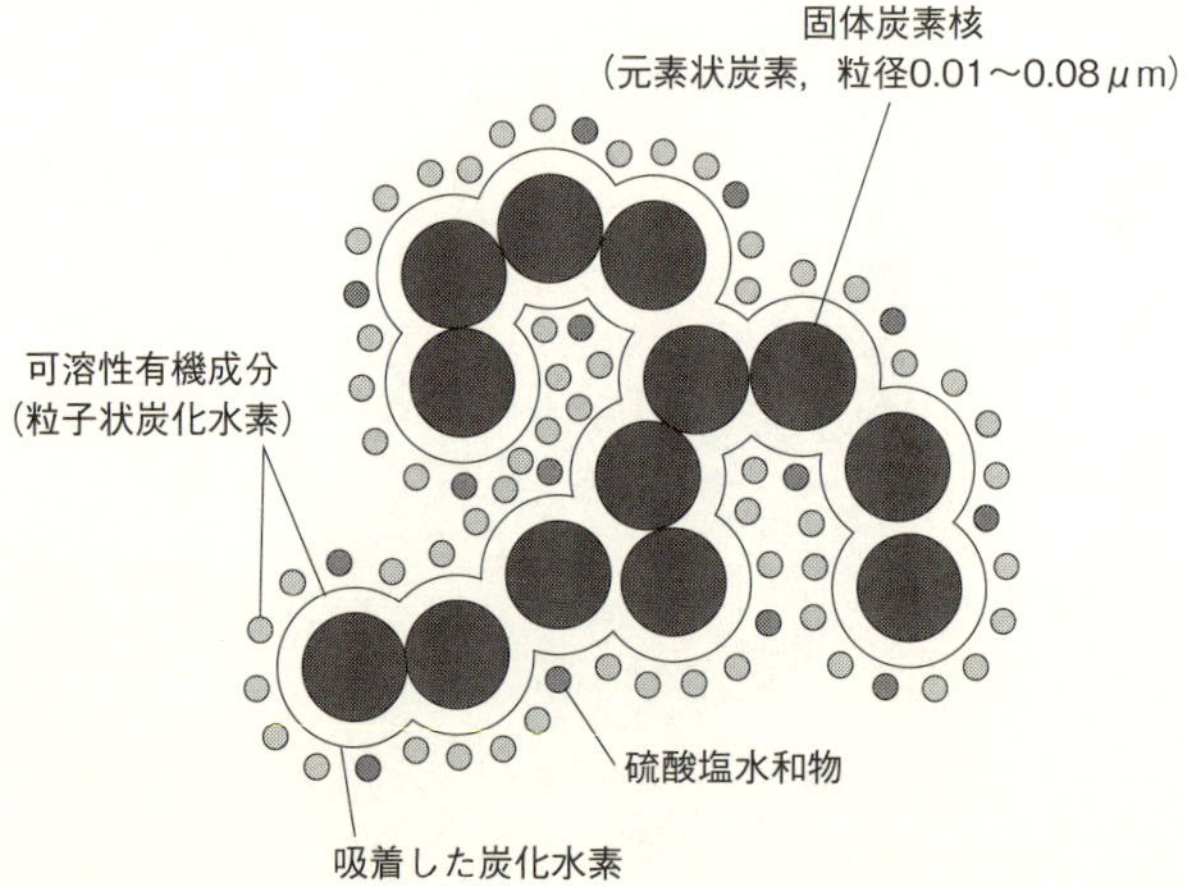

図5-5 ディーゼル排気粒子の典型的な形と構成成分
出典：Twigg, B. M. V., Phillips, P. R.: Cleaning the Air We Breathe – Controlling Diesel Particulate Emissions from Passenger Cars, Platinum Met. Rev., 53, 27-34 (2009)のFig.1を和訳・加筆

硝酸アンモニウム、塩化ナトリウム等）などが覆っています。

元素状炭素は有機物が不完全燃焼すると生成する固体の粒子であり、[※7]このように大気中に粒子状で直接排出される粒子を一次粒子といいます。一方、硫酸アンモニウムや硝酸アンモニウムは、その大半が、二酸化硫黄（SO_2）、窒素酸化物（NO_x）、アンモニア（NH_3）等のガス状成分が大気中での反応によって粒子化したものであり、このように大気中での反応により粒子化したものを二次粒子といいます。有機炭素も半分程度が二次生成物なので、図5-4のケースでは、PM2・5の半分程度以上が二次粒子です。二次粒子が大きな比率を占めることもあって、ＰＭ２・５の起源や動態は複雑なのです。

発生源や状況によっては、有機物が主体となり液滴のような状態で浮遊していることもあります。有機物の中身はさまざまで、大気粒子中から１万５０００もの有機成分を検出した例もあります。

また、ＰＭ２・５にはダイオキシン類やベンゾ［a］ピレン（多環芳香族炭化水素の一種）などの発がん性を有する有機成分、カドミウムやニッケル化合物などの発がん性を有する金属が含まれる場合があります。こういった有害な化学成分がＰＭ２・５の毒性の原因となっている可能性はありますが、既知の有害成分による毒性を足し合わせてもＰＭ２・５全体の毒性よりだいぶ低いことが多く、ＰＭ２・５の毒性・健康影響がどんな成分・要因によるのか、詳しいことはまだ明らかになっていません。

ＰＭ２・５は突然発生？

ＰＭ２・５はどこからやってくるのでしょうか？　２０１３年頃から突然、ＰＭ２・５についてのニュースが盛んに報道されるようになりましたが、ＰＭ２・５という新たな物質が最近になって突然発生し始めたわけではありません。メディアが「ＰＭ２・５」という聞きなれない用語を用いたため、新たな物質が登場したような錯覚を国民に与えたのではないかと私は思っています。

しかし、実際には、日本では大気中の浮遊粒子状物質（SPM：直径約7μm以下の粒子。PM2・5はSPMの一部）の濃度は1974年以降下がり続けてきています。PM2・5の濃度も、測定が開始された2001年には全国の平均濃度は22・8μg／m³でしたが、2013年度には15・3μg／m³まで下がり、2016年度には11・9μg／m³となりました。

環境基準（1年平均値15μg／m³以下かつ1日平均値35μg／m³以下）を満たした測定局数の割合（環境基準達成率）も、2016年度には89％と一気に改善しました。ただし、環境基準はあくまでも一つの目安であるため、今後もその動向を注視していく必要があります。

あまり知られていない身近な発生源

日本国内のPM2・5濃度が下がってきたのは、国内の発生源、特に自動車や工場からの排出が減ってきたことが主な理由だと思われます。1960〜1970年代（公害の時代）の日本においては、自動車やさまざまな工場がPM2・5の主な発生源でしたが、これらからの排出が削減されたため、例えば、大気中のPM2・5濃度に対する自動車排気の寄与率は、1987〜1988年には53％、1998年には37％、2007年には12％と次第に下がってきたと推定されます。

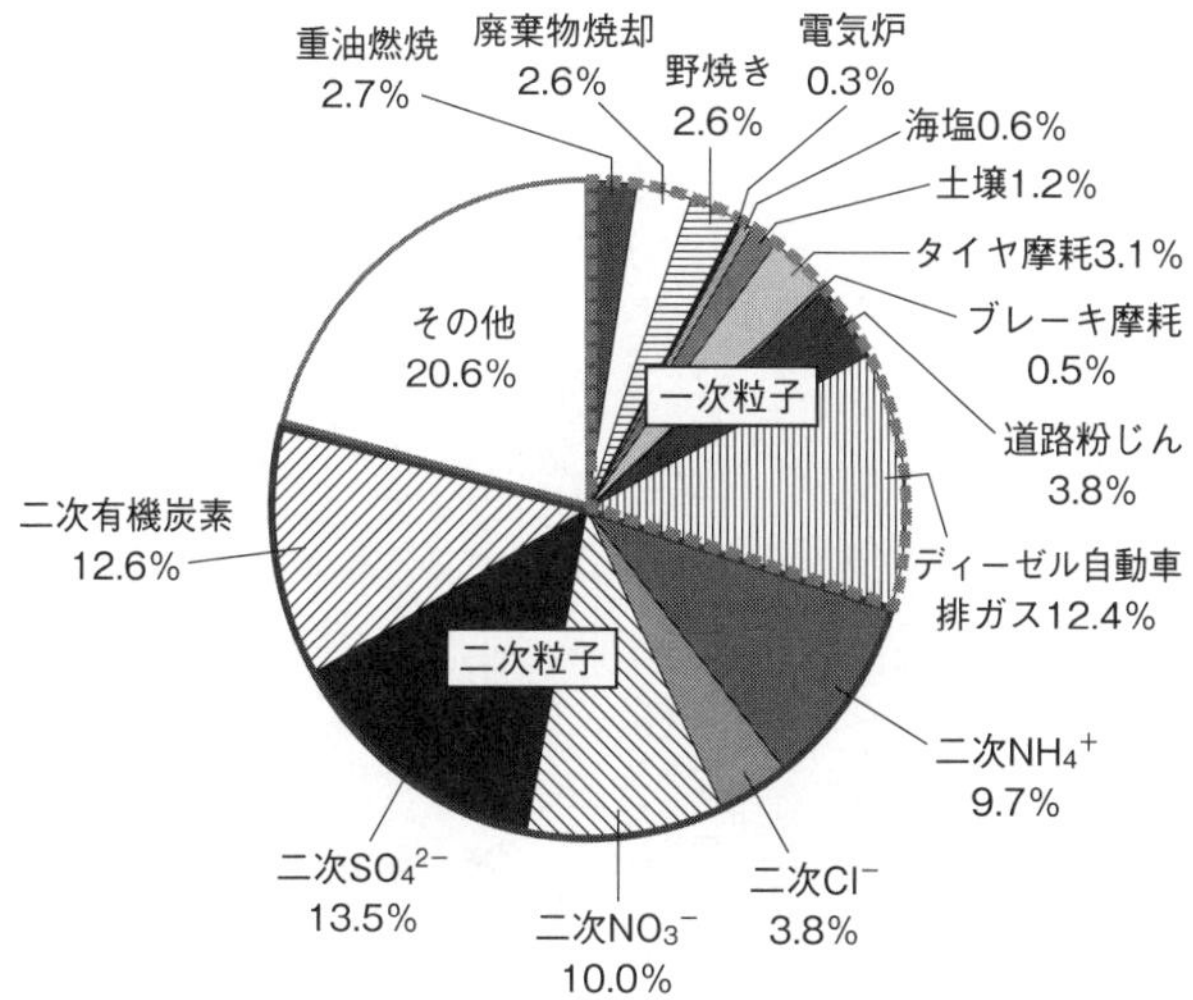

図5-6
$PM_{2.5}$濃度に対する発生源別寄与率（2007年夏季 群馬県前橋市）
出典：高橋克行、伏見暁洋、森野悠、飯島明宏、米持真一、速水洋、長谷川就一、田邊潔、小林伸治（2011）「北関東における微小粒子状物質のレセプターモデルと放射性炭素同位体比を組み合わせた発生源寄与率推定」『大気環境学会誌』46、156-163の図を改変

ここで我々が推定した、2007年夏季の群馬県前橋市におけるPM2・5に対する発生源別寄与率を見てみましょう（図5‐6）。まず、一次粒子の発生源の寄与は全体の29・8％しかありません（点線で囲った部分）。その一次粒子発生源を見てみると、一番寄与が大きいのがディーゼル自動車排ガス（12・4％）で、次に道路粉じん（3・8％）、重油燃焼（2・7％）、野焼き（2・6％）、廃棄物焼却（2・6％）となっています。

なお、本稿では、稲藁《わら》などの

農作物の不要な部分を屋外で燃やすことを「野焼き」と呼ぶことにします。

こう見ると、ディーゼル排気（自動車排気）は依然として重要な発生源ではあるものの、野焼きなど、それ以外の発生源も一定の重要性を持っていることがわかります。また、二次粒子がＰＭ２・５濃度の50％を占めています。二次粒子はいろいろな発生源から放出された揮発性有機化合物やNO_x、SO_2、アンモニアなどからの反応によって生成します。

揮発性有機化合物はガソリン蒸気や工場等で用いられる各種の有機溶剤などから人為的に発生するだけでなく、森林などの自然・生物からも発生します。NO_xは物が燃える時に発生し、SO_2は船舶や火山、火力発電所等から発生します。アンモニアは主に家畜の排泄物や化学肥料の施肥によって発生します。このように、二次粒子のもととなるガス状物質（前駆物質）の発生源は多岐にわたり、二次生成プロセスも複雑です。ですから、ＰＭ２・５の起源や生成メカニズム、環境動態にはいまだによくわからないことがあるのです[※1]。

日本において、大気中のＰＭ２・５濃度に対する野焼きの寄与は3～10％程度と推定されており、季節や地域によってはもっと野焼きの寄与は高いと考えられます。ゴミを屋外で燃やすことは法律（廃棄物の処理及び清掃に関する法律）で規制されていますが、農作物残渣《ざんさ》の野焼きは一部自治体が条例で規制しているものの、法律では規制されていません。そのため、現在、全国の10～20％程度の水田で野焼きが行われており、茨城県つくば市などの郊外では、図5-7のような光

稲藁　　籾殻

図5-7　実際の野焼き（未規制）の様子（つくば市 2011～2014年）
写真提供：国立環境研究所 藤谷雄二氏・高見昭憲氏・伏見暁洋

景が一年を通じて頻繁に見られます[※8]。この写真のように、野焼きの際に立ち上る白い煙がＰＭ２・５です。日本は総面積の12％が田畑などの耕地であり、つくば市は総面積の38％が耕地ですから、野焼きは身近なＰＭ２・５の発生源だといえます。

　野焼き、森林火災、暖房・調理用の木片燃焼などのバイオマス燃焼は、地球規模で見ると、自動車排気などの人為起源からの排出総量と同じくらいのＰＭ２・５を排出する巨大な発生源であり、盛んに調査・研究が行われています。このような状況を受け、環境省は、２０１５年３月の「微小粒子状物質の国内における排出抑制策の在り方について（中間取りまとめ）」において、野焼きの短期的課題として「濃度上昇が予測される気象条件の際には野焼きを実施しないよう要請すべき」、中長期課題として「必要な対策の検討を中長期的に進めるべき」と述べており、野焼きを重要な発生源の一つに位置付けています。また、我々は、野焼きにより発生する粒子の排出係数や組成・酸化能（毒性の指標）を調べ、野焼きによって排出される粒子の質量当たりの酸化能が自動車排気粒子や大気中PM2・5の酸化能と同程度以下であることなどを明らかにしてきました。[※8]

　PM2・5の発生源は他にもあります。例えば、調理、火山、船舶、航空機、植物片（葉の屑《くず》など）、タバコ煙などです。調理からのPM2・5といわれてもピンとこないかもしれませんが、魚を焼いたり炭火で肉を焼いた時に出る白色や黒色の煙がPM2・5なのです。食材の種類や調理法によってPM2・5の発生量や組成が異なりますが、調理によるPM2・5の主成分は食材や調理油から発生した有機物であり、多環芳香族炭化水素などの有害成分を含むケースもあります。

　調理はアメリカ等では以前からPM2・5の発生源として認識され、排出インベントリーにも組み込まれていましたが、日本ではあまり注目されてきませんでした。しかし、我々の研究では、PM2・5中の有機物に対して調理が年平均で5%寄与していると推定されており、今後、より詳細に解析・検討していく必要があると考えています。

　なお、二次粒子も含めて考えると、PM2・5濃度に対して、人為（化石系）発生源だけでなく、自然（植物系）発生源も大きく関与しています。例えば、都心でも、PM2・5中の全炭素成分のうち4割程度が植物系発生源（バイオマス焼焼や植物起源二次粒子等）だと推定されています。[※1]

越境汚染（国外）の寄与はどの程度か？

次に、国外からの流入に目を向けてみます。汚染物質が国境を越えて発生源から遠く離れた地域まで運ばれ、その地域の環境を汚染することを「越境汚染」と呼びます。中国では、NO_xやSO_2などの大気汚染物質の排出量は1950年以降、急激に増えていきましたが、2006〜2011年頃をピークに低下傾向に転じたと推計されています。これと同期するように、例えば北京市（アメリカ大使館で測定）のPM2・5濃度は2012年度には年平均で103㎍／m^3でしたが、その後低下し始め、2016年度には77㎍／m^3となっています。

日本や中国が位置する中緯度の上空には偏西風と呼ばれる西よりの風が定常的に吹いていています。そのため、この偏西風に運ばれて、中国などユーラシア大陸で発生したPM2・5は韓国や日本の方面に運ばれてきます。日本国内では、概して九州など西方で越境汚染の寄与が大きく、[※9]例えば福岡県においてPM2・5濃度に対する国外の寄与は2013〜2015年の平均で80％程度であったと推定されていますが、将来的に国外の寄与は減り、PM2・5濃度も低下していくと予想されています。[※10]

PM2・5は大気中に放出された後、湿性沈着（降水）または乾性沈着（拡散・重力沈降等）によって地面や森林・建物などに沈着し、大気中から除かれますが、その寿命（大気中での濃度が半分になるまでの時間＝半減期）は数日から数週間と比較的長く、大気中に舞い上がった土壌粒子が約13日かけて地球を一周した様子も観測されています。まさに、ＰＭ２・５は地球をめぐっているわけです。輸送中には、成分の揮発（ガス化）、凝縮（ガス成分の粒子化）、凝集（粒子どうしの結合）、酸化反応による成分の変質なども起きます。また、黄砂が舞い上がり、都市域を輸送されていく間に人為起源の有害物質を吸着するケースも知られています。

ＰＭ２・５は日本や中国だけの問題でしょうか？　ＷＨＯは大気中のＰＭ２・５による死者数が２０１２年に世界中で年間３７０万人であったと推計しており、程度の違いはあれ、ＰＭ２・５などによる大気汚染は世界中の問題だといえます。メディアは近年、フランスや中国、インドの大気汚染が深刻であることを盛んに報道してきました。

欧米の先進国における２０１６年のＰＭ２・５年平均濃度は日本と同程度かそれ以下の国が多いですが（図5-8）、中国とインドはそれぞれ51・0、68・0μg／m^3と、日本の４～５倍以上の濃度です。さらに、中東（カタール等）やネパールなど、中国やインドよりも汚染がひどい国・地域もあります。なお、最近では、世界各地のＰＭ２・５の濃度をリアルタイムに知ることができます。[※11]

国や個人ができる対策は？

順位	国名	PM$_{2.5}$濃度
1	ブルネイ・ダルサラーム国	5.8
1	ニュージーランド	5.8
9	アメリカ	7.6
22	イギリス	10.6
32	日本	11.8
39	フランス	12.4
176	中国	51.0
182	イラク	60.1
184	インド	68.0
189	カタール	91.7
190	ネパール	99.5

＊世界の190の国・地域の情報から抜粋。濃度の低い順

図5-8　世界の都市部PM$_{2.5}$濃度（2016年の平均値、$\mu g/m^3$）
出　典：World Health Organization, World Health Statistics 2018, ANNEX B

それでは、大気中のＰＭ２・５の濃度を下げるため、または人が取り込む量を減らすために、国や自治体など、そして個人は何ができるのでしょうか。まず、国や自治体がすべき対策については、２０１３年頃、日本が「ＰＭ２・５パニック」とでも呼べるような時期があったため、環境省は「ＰＭ２・５政策パッケージ」を策定しました。そこでは、次の３つの目標が掲げられています。

目標１「国民の安全・安心の確保」
目標２「環境基準の達成」
目標３「アジア地域における清浄な大気の共有」

ＰＭ２・５の濃度低減に関係するのは目標２であり、中央環境審議会専門委員会での総合的な議論に基づき、ＰＭ２・５の現象解明と削減対策を検討していくことが示されています。その具体的な項目として、発生源情報の整備、二次生成機構の解明、シミュレーションモデルの構築、大気環境モニタリングの充実、健康影響に関する知見の集積が挙げられており、自治体、企業、研究者と連携し日本の英知を結集し、アジア各国との協調を密接にしていくことが提示されています。

前述したように、ＰＭ２・５については、越境汚染も無視できませんから、日本国内の対策だけでは限界があります。このため、目標３では、大気汚染に関する日中韓三ヵ国政策対話を進め、大気汚染対策に関する国際協力を推進することなどが盛り込まれています。

その他、自治体どうしの協力、研究者どうしの情報・意見交換・共同研究なども行われています。また、各発生源からのＰＭ２・５や二次粒子の前駆物質の排出量を減らせば大気中のＰＭ２・５濃度は低減しますから、各発生源における取り組みは大切です。

次に、ＰＭ２・５を体内に取り込む量を減らすために個人でできる対策について触れます。まず、ＰＭ２・５は呼吸によって体内に取り込まれますから、空気中のＰＭ２・５の濃度を下げるか、または呼吸する空気からＰＭ２・５を取り除くことができれば、取り込み量を下げることができます。ですから、室内空気については、屋外から入ってくる空気の通り道にフィルター（花粉対策用の換気フィルターや網戸用フィルターなど）を取り付けたり、空気清浄機を稼働させることで、ある程度ＰＭ２・５の濃度を下げることができると思われます。

一方、室内にも、調理やハウスダスト、喫煙など、ＰＭ２・５の発生源がありますから、そういう発生を減らすことも効果があるでしょう。また、鼻と口を覆うマスクも一定の効果が期待できます。ただし、顔の表面とマスクの間に隙間があると、そこからの漏れ込みのために十分な除去効率が得られません。ただ、これまで説明してきたように、基本的には、突然これまでに無かった猛毒物質に大量に曝露されているわけではなく、むしろ曝露量は年々下がってきているわけですから、過剰に恐れることはないと私は考えています。

今後の展望と課題

先に述べたように、今後も当面は、中国および日本国内での排出削減によって、おそらく国内のＰＭ２・５濃度は下がっていくと予想されますが、下がり続けるとは限りません。また、アメリカのＰＭ２・５環境基準（年平均値）は12$\mu g/m^3$ですし、ＷＨＯはＰＭ２・５の指針値（年平均値）として10$\mu g/m^3$を提示していますから、日本も将来的にこれらの数値を参考に環境基準を強化していく可能性があります。

仮にそうなった場合、さらなる濃度低減のため、これまであまり注目されてこなかった野焼きや調理、船舶、航空機などの発生源についても対策を検討したり、場合によっては規制を強化していく必要が出てくるかもしれません。
どの発生源に重点的に対策をとるべきかを検討するためには、発生源別の寄与率を正確に知る必要があります。そのためには、排出インベントリー、数値シミュレーション、レセプターモデル、PM2・5の質量濃度や成分測定などの高度化・高精度化を総合的に進める必要があります。二次粒子（特に有機物を主成分とする二次有機粒子）の起源と動態をより正確に把握できるようにすることも重要な課題です。国内外で、こういった視点で精力的に研究が進められており、国立環境研究所でも広範なテーマに取り組んできています。[※1、8、9、12]
PM2・5の構成成分はまだすべて明らかになっていませんが、技術の進歩によって測定できる成分の種類や数は年々増えてきています。また、これまで大気中のPM2・5はもっぱら質量濃度だけで評価されてきましたが、これからは、組成や毒性の違いも考慮して発生源対策を考えていくことが大切だろうと私は考えています。
ところでPM2・5の高濃度が予想される日に出される「注意喚起」はPM2・5自動測定機による1時間測定値に基づき判断されますが、[※3]測定値が十分検証されているのは実は24時間値についてだけで、1時間値については必ずしも十分な検証が行われていませんでした。そして、1時間値は地点や機種によっては大きなマイナス値が出たり不自然な時系列トレンドを示したりすることがわかってきています。こういった状況をうけ、環境省は「微小粒子状物質（PM２・５）質量自動測定機の１時間値測定精度検討会」などでこの問題に取り組み、市販機器の特徴や測定精度の評価などを行ってきました。また、我々は、この検討会の協力のもと、より正確な測定手法の開発を進めてきました。

将来的には気候変動やエネルギー源の変化（例えば自動車の電気化）に伴う新たな大気環境問題が起きる可能性もあり、柔軟な対応が求められます。また、汚染を取り除くというよりは、よりきれいで快適な大気環境をつくりだすという視点で、研究を進めたり対策を講じていくことが大切ではないかと私は考えています。

（伏見暁洋　国立環境研究所環境計測研究センター主任研究員）

第2部

不都合な化学物質は、私たちにどのような影響をもたらすのか？

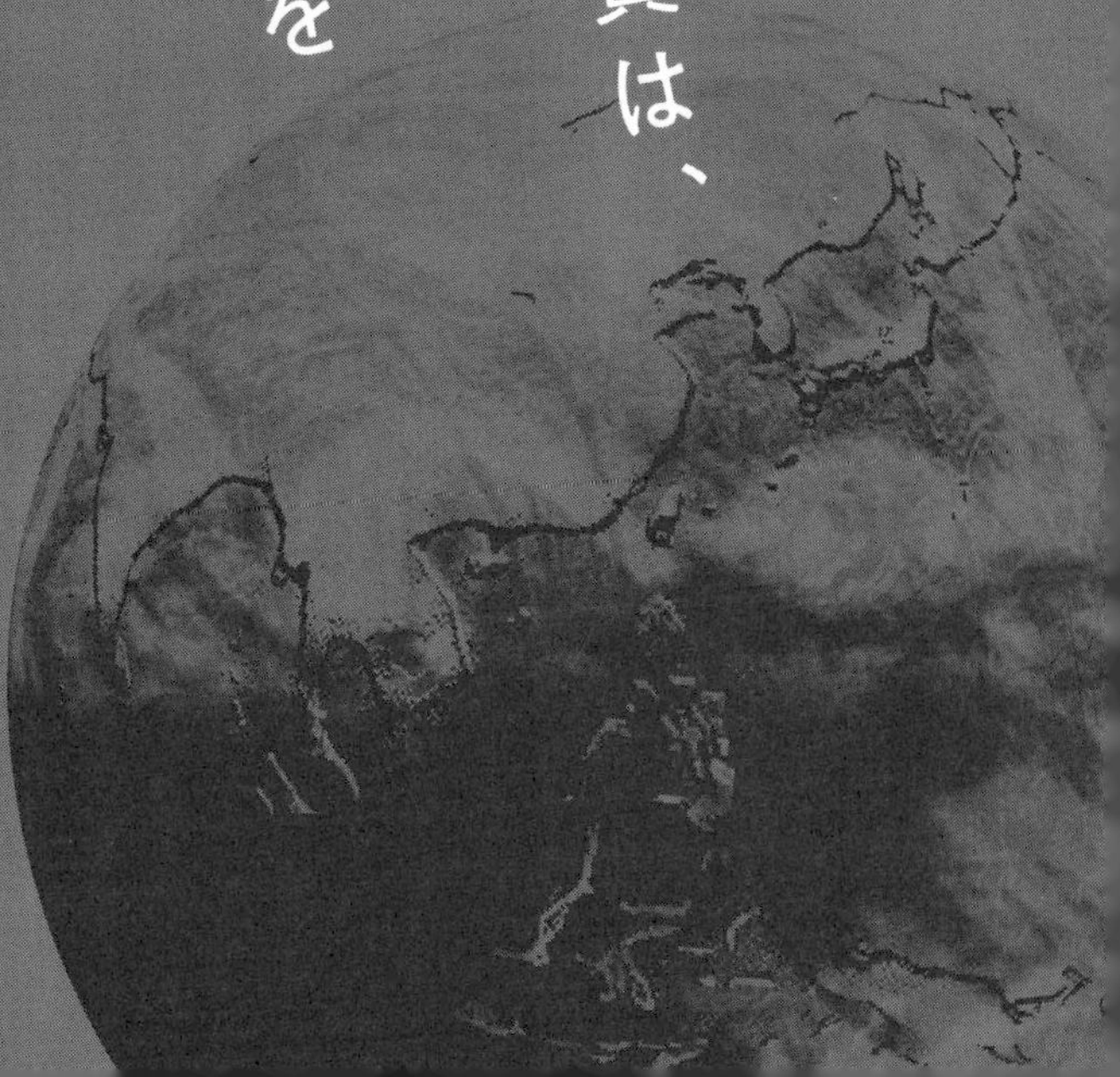

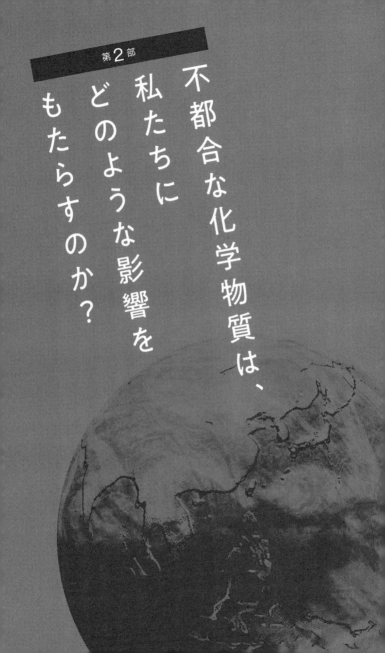

第6章 メチル水銀が子どもの発達に与える影響を探る

妊婦への注意喚起

「これからママになるあなたへ　お魚について知っておいてほしいこと」

可愛らしいイラストがあしらわれたこのパンフレット（図6-1）を、みなさんはご存じでしょうか？　妊娠中の女性に向けて、水銀を含む魚の食べ方について注意を促すために、厚生労働省（以下、厚労省）が作成したものです。「お魚はからだに良いものです」という前置きに続いて、次のような記述があります。

でも妊娠中はちょっと注意が必要です

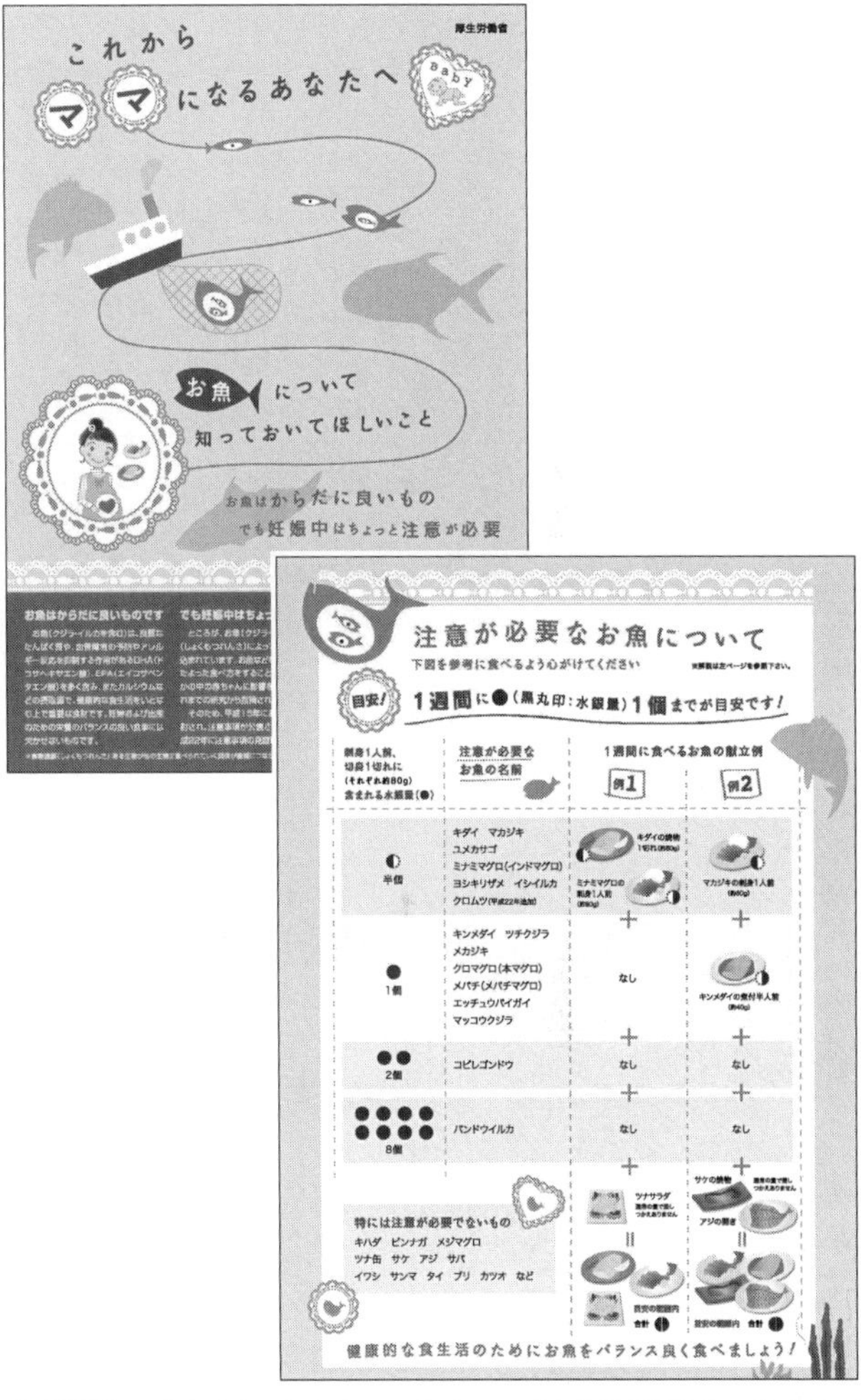

図6-1　厚生労働省が妊婦向けに作成した「水銀過剰摂取」に注意を呼びかけるパンフレット（上）。推奨される1週間の献立例が記載されている（下）

「ところが、お魚（クジラ・イルカを含む）には、食物連鎖《しょくもつれんさ》によって自然界に存在する水銀が取り込まれています。お魚などを極端にたくさん食べるなど、かたよった食べ方をすることでこの水銀が取り込まれ、おなかの中の赤ちゃんに影響を与える可能性があることが、これまでの研究から指摘されています。そのため、平成15年にお魚に含まれる水銀の摂取が検討され、注意事項が公表されました。その後平成17年、平成22年に注意事項の見直しが行われています。」

さらにパンフレットには、注意が必要な魚として、キダイ、マカジキ、ユメカサゴ、ミナミマグロ（インドマグロ）、ヨシキリザメ、イシイルカ、クロムツ、メカジキ、クロマグロ（本マグロ）、メバチ（メバチマグロ）などの名前が挙げられています。そして、それぞれの魚に含まれる水銀の量とともに、基準値を超えずに済む「1週間の魚の献立例」も紹介されています。

それにしても、リストに挙がっている魚は、マグロなど、食卓に頻繁に登場し、寿司店などでも人気の魚が含まれています。私たちが日常的に口にしているこうした魚を妊婦が食べすぎると、お腹の中にいる赤ちゃんの健康に影響を与えてしまうということは、妊婦ならずとも気になります。

それでは、なぜ厚労省は、わざわざこのようなパンフレットを作成したのでしょうか。また、妊婦らがこうした魚を摂りすぎると、胎児にどのような影響が及ぶのでしょうか。

本章では、魚に含まれる水銀が胎児に与える影響について、これまでの研究でわかってきたことを紹介します。

メチル水銀と水俣病

第3章でも説明したとおり、水銀は、液体でも固体でも、そして気体としても存在する元素で、炭素と結合した有機水銀とそうでない無機水銀に大別されます。胎児への影響が懸念されるのは、有機水銀の一種であるメチル水銀（CH_3Hg^+）です。

メチル水銀が原因となった公害病として、水俣病がよく知られています。水俣病は、化学工場の排水に含まれていたメチル水銀により熊本県水俣湾周辺が汚染され、メチル水銀を含んだ魚介類をヒトが食べることで、体内に取り込まれて発生した健康被害です。

メチル水銀は、脂に溶けやすい性質を持つ物質ですが、生体内では、アミノ酸の一種であるシステインと結合し、魚介類の中でも可食部である筋肉に蓄積する性質があります。

きわめて低い濃度で溶けている化学物質が食物連鎖を通じて次第に濃縮されていく現象を生物濃縮[★章末注1]といいますが、メチル水銀はこの生物濃縮が起きやすいことが知られています。

ヒトが魚介類を食べることにより体内に入ったメチル水銀は、消化管から効率よく吸収されます。そして、メチル水銀－システイン結合体として、血液によって体内を循環します。体内に入ったメチル水銀が作用する臓器の一つは、中枢神経系である脳です。

しかし、ヒトの脳には、血液－脳関門といって、有害な成分を脳に取り込まないようにする構造があります。そのため本来であれば、栄養素でもないメチル水銀は、血液－脳関門に阻まれて脳に移行できません。

ところが、メチル水銀－システイン結合体は、ヒトにとって重要な栄養素である、必須アミノ酸のメチオニンによく似た化学構造を有しています。脳には、メチオニンを取り込む特異的な輸送システム（トランスポーター）が用意されているため、実は、この毒性の高いメチル水銀－システイン結合体も、その輸送経路を経て、脳に移動してしまうのです。

水俣病の中には、妊娠中に母親がメチル水銀に汚染された魚介類を食べたことにより、胎児に影響を及ぼした「胎児性水俣病」があります。母親には、水俣病で見られる典型的な症状は観察されなかったにもかかわらず、メチル水銀が胎盤を通過した結果、生まれた子どもに重大な影響が及んだのです。この事実からも明らかなとおり、メチル水銀に対して最も鋭敏な集団は胎児であると考えられています。

胎児性水俣病が発生した理由には、いくつかの要因が考えられます。まず、神経系が発生・発達する胎児期はメチル水銀に対する感受性が最も高いため、成人には影響を与えない微量の濃度でも、胎児には影響が出たと考えられます。

もう一つの理由として、母体と胎児とをつなぐ胎盤の機能が考えられます。胎盤は、一般的に栄養成分を胎児側に通過させ、有害な成分は排除するバリア機能を持っています。しかし、母体血と胎児血（出生時の臍帯血《さいたいけつ》）の水銀レベルを比較したところ、胎児側の濃度のほうが高いことがわかりました。

先ほど、アミノ酸であるシステインと結合したメチル水銀－システイン結合体は、必須アミノ酸であるメチオニンと構造が似ているため、血液－脳関門を突破してしまう、と述べました。実は胎盤にも、脳と同様に母体血の中からメチオニンを汲《く》み上げて胎児側に輸送するシステムが存在しています。そのためメチル水銀は、胎盤においても、そのシステムによって胎児側に移行してしまうと考えられています。

すなわち、メチル水銀に限れば、胎盤はバリアとして機能しないばかりか、メチル水銀を積極的に母親から胎児に輸送し、濃縮させてしまう役割を担うことになります。このようなことから、メチル水銀の健康影響に関しては、成人や小児に比べて、胎児に対してもっとも注意が必要になると考えられています。

海外の先行研究で得られた知見

水俣病が確認されて以降、国内では環境中へ局所的に高濃度のメチル水銀が排出されることは少なくなり、成人や小児がメチル水銀による水俣病のような神経障害を発症することはほとんどなくなりました。メチル水銀を原因とする深刻な健康被害の危険は過ぎ去ったかのように見えましたが、近年こうした楽観論に冷水を浴びせるような知見が海外から相次いで報告されています。

北大西洋にあるフェロー諸島は高緯度と冷涼な気候のため、伝統的に羊の牧畜と水産業が盛んでした。平地が少なく、優良なタンパク源であるウシやブタの飼育が困難だったことから、長年、住民は、ゴンドウクジラを捕獲してタンパク源として利用してきました。

食物連鎖の最上位に位置するゴンドウクジラは、メチル水銀の濃度が高いことが知られています。そこで1986年から現在まで、フェロー諸島でメチル水銀に関する出生コホート調査が行われました。出生コホート調査とは、妊娠中の女性に参加してもらい、生まれてくる子どもの成長と発達を追跡する長期的な継続調査です（詳しくは後述します）。

フェロー諸島のコホート調査では、出産時の母親の毛髪に含まれる総水銀濃度は0・2〜39・1（中央値4・5）μg／gで、日本人女性の曝露レベル（幾何平均値1・64μg／g）[※1]を上回りました。さらに7歳の子どもでは、胎児期のメチル水銀の曝露が高くなると、記憶、注意、言語などの能力が低下し、神経生理学的検査（聴性脳幹誘発電位や心電図RR間隔変動）の指標も変化したことが報告されました。[※2] 14歳と22歳でも同様な追跡調査が行われ、出産時の母親の毛髪や臍帯血

（へその緒に含まれる血液）に含まれる水銀の値が成長と発達に関連していたことが報告されています。22歳という成人でも出産時のメチル水銀の曝露が影響していたという結果は驚くべき現象です。

その一方で、調査時の子どもの毛髪に含まれるメチル水銀濃度の調査については、神経生理学的検査との間に関連性はほとんど認められていません。これは、子どもたちが生まれた後に曝露したメチル水銀は、記憶、注意、言語などの能力に、ほとんど影響を与えていないことを意味しています。すなわち、胎児期に受けたメチル水銀の曝露の影響が、その後も消えることはなく、出生後も持続していたのです。厚労省が妊婦のみを対象にして、魚を通じた水銀摂取の危険性を啓蒙しているのは、メチル水銀の胎児期曝露の危険性が思いのほか高いということが近年わかってきたからに他なりません。

西インド洋に浮かぶセーシェル共和国でも、1989年から現在まで、メチル水銀の出生コホート調査が行われています。セーシェル共和国では、多様な魚介類が摂取されており、ゴンドウクジラを主なタンパク源とするフェロー諸島住民の食生活とはかなり趣を異にします。しかし、コホート調査に参加した母親の出産時の毛髪中総水銀濃度は、0・5〜26・7（平均値6・8）μg／gとフェロー諸島よりも高い値でした。その一方で、779名の子どもについて、5歳から24歳までの間、繰り返し認知能力、言語や理解能力、計算能力などの神経行動学的な検査が行われてきましたが、メチル水銀曝露に伴う負の影響は観察されていません[※3]。

この知見は、フェロー諸島で得られた調査結果と食い違うことから、学問上の大きな論争となったこともあります。ただし、2008年にセーシェル共和国で開始された別のコホート調査では、血中のオメガ3系不飽和脂肪酸（オメガ3脂肪酸）を測定し、メチル水銀の影響評価に際してより厳格な統計解析を行った結果、メチル水銀の負の影響が観察されています。

ニシン、サバ、サケ、イワシ、タラなどに含まれるDHA（ドコサヘキサエン酸）は代表的なオメガ3脂肪酸として知られています。DHAをはじめとするオメガ3脂肪酸は、栄養学的にきわめて重要であり、神経生理学的にもさまざまなプラスの効用をもたらすと考えられています（オメガ3脂肪酸の効用については章末で説明します）。すなわち、セーシェル諸島の住民は、多様な魚介類を日常的に摂取しているので、オメガ3脂肪酸の摂取量も多くなり、その栄養学的にポジティブな影響が生まれて、メチル水銀の負の影響が見えにくくなった可能性があるのです。

その後、低レベルのメチル水銀の曝露影響を検出するには、オメガ3脂肪酸の測定が必要とする見解は他のグループからも提唱されています。そして、胎児期におけるメチル水銀の曝露について、フェロー諸島やセーシェル共和国で観察された程度の曝露でも、胎児にとっては健康リスクとなると考えられています。

東北コホート調査

胎児期のメチル水銀曝露の影響をめぐって、魚介類を多食する集団を対象として、海外でいくつか先行研究が行われていることを紹介しました。日本人も魚を多食する食文化を有していますが、魚介類の種類や食べ方は、海外とはかなり異なります。さらに、子どもを取り巻く環境や社会経済的要因も違うため、日本人を対象としたメチル水銀の曝露の影響を確かめておくことが必要です。こうした問題意識を持った私たち東北大学の研究チームは、環境省のプロジェクト研究として、2001年より東北地方でコホート調査を行ってきました。

コホート調査（図6-2）について、ここでもう少し詳しく説明したいと思います。コホート調査とは、ヒトの集団を継続して観察する研究手法の一つで、その観察対象の集団をコホートと呼びます。さらに、妊娠している女性に協力をいただき、妊娠中から調査を開始し、その後生まれてきた子どもたちの成長と発達を追跡する研究を、出生コホート調査と呼びます。

この出生コホート調査では、常に未来に向かって追跡しているので、曝露から疾病や健康影響の発生までの過程について、時間を追って観察することができ、疾病や健康影響の自然史を調べることができます。

この調査は、マウスやラットなどの動物を用いた試験より、実際のヒトへの影響を調査できるという点できわめて有用な手法ですが、一方で、知見を得るためには大規模なコホートを長期間

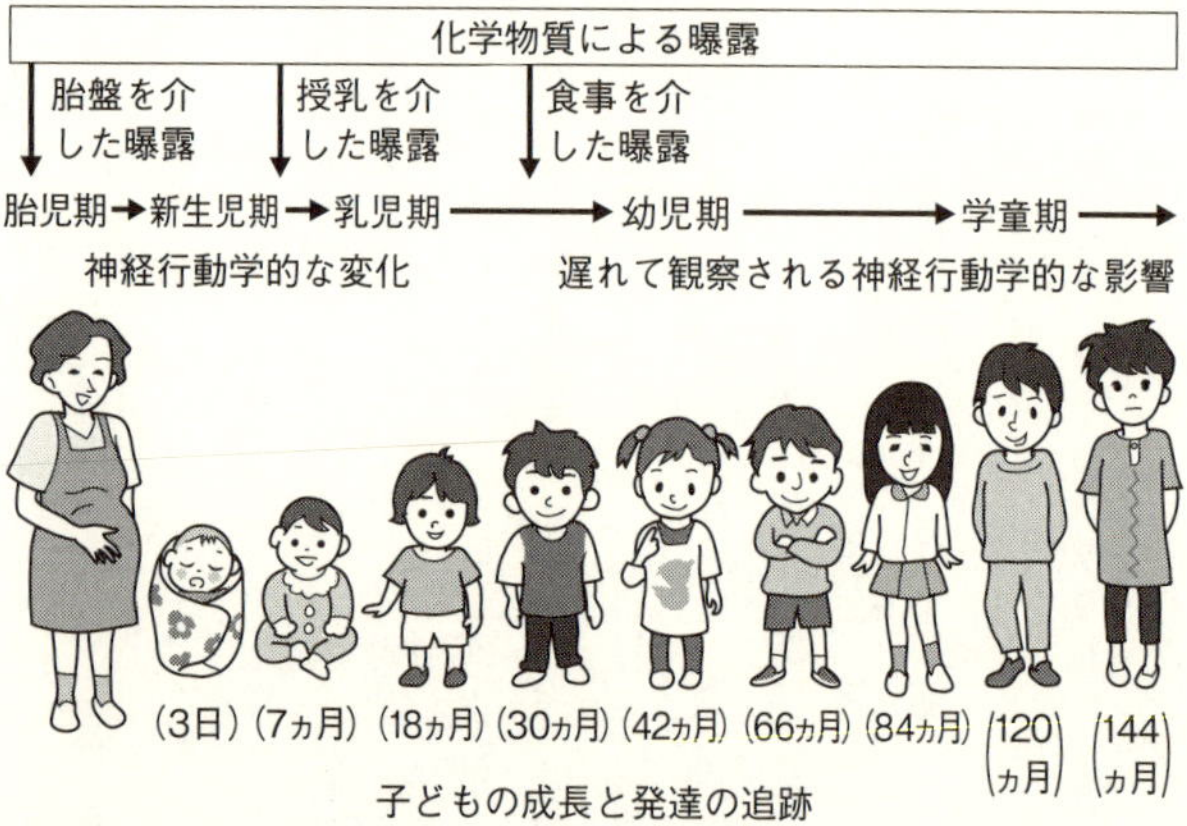

図6-2 出生コホート調査
メチル水銀の調査では、子どもの神経行動学的な発達などが指標として有用とされ、子どもの成長に合わせてさまざまな検査が行われている。メチル水銀の場合、胎児期の曝露の影響が大きく、その一方で出生後の新生児期〜乳児期〜幼児期〜学童期の曝露の影響は観察されないことが知られている

追跡する必要があり、時間とコストがかかるという欠点があります。

胎児や乳幼児を対象にする調査では、中枢神経系はまだ成長過程にあり、環境変化や化学物質の曝露に対して感受性が高いと考えられます。そのため、成人ではほとんど影響が見られないようなレベルの変化や曝露量でも、胎児や乳幼児にとっては、影響が大きくなることが懸念されます。ただし、その影響が実際に観察されるのは、子どもがある程度成長して、さまざまな課題に取り組んだり、集団の中で生活したりしてからになるのです。

例えば、小学生で観察された疾病の原因が、もし胎児期にあった場合を想像してみてください。実際、メチル水銀は、胎児期の曝露の影響が成人になっても継続して観察されることがわかっています。このような場合、小学生になってから調査を開始しても、胎児期の曝露の情報はありませんので、病気の因果関係を調べることはできません。

さらに子どもの成長と発達は、化学物質以外にも、家庭環境、母親の喫煙習慣や受動喫煙、在胎期間、子どもの性別、授乳期間、社会経済的な要因、子育ち環境などさまざまな要因で変化すると考えられます。そのためコホート調査では、このようなさまざまな要因の調査も並行して行われます。このような出生コホート調査は、子どもの健康と病気を詳しく調べ、その要因を明らかにするための科学的根拠を収集する上で、重要な手法となると期待されます。

私たちが進めている東北コホート調査は、2001年より東北地方の中核都市と太平洋沿岸部で開始され、それぞれ599組および749組（合計1348組）の母児の協力を得て実施されています。都市部の調査は7歳で終了しましたが、沿岸部の調査では現在16歳の調査の準備が進められており、臍帯血に含まれるPCBや鉛の分析も進んでいます。今後、さらにさまざまなエビデンスが得られるものと期待されています。

また現在、国内でも複数の出生コホート調査が行われています。中でも、環境省が2011年に開始した子どもの健康と環境に関する全国調査（エコチル調査）は、10万名規模の出生コホート調査であり、その成果が期待されています。[※4]

低レベルのメチル水銀曝露の影響

東北コホートの都市部の調査では、臍帯血水銀濃度が高濃度になるほど、男児の出生体重が少なくなることが示されています。[★章末注2] ４８９名の新生児全員を対象にした解析では、臍帯血水銀濃度と出生体重に関連性は認められませんでしたが、男女を別に解析すると、２５２名の男児で、水銀濃度と出生体重との間に統計学的に有意な関連性が認められたのです。[※5]

都市部の調査では、臍帯血中のポリ塩化ビフェニル（ＰＣＢ）の分析も行われており、ＰＣＢと出生体重の関係について見ると、男女ともに同じくらい出生体重が減少していました。ＰＣＢについては、すでに海外の研究でも出生体重を減少させることが報告されており、海外の知見が国内でも再確認されたことになります。

また、メチル水銀の曝露量そのものについては、都市部よりも沿岸部で高いことがわかっています。沿岸部の調査では、出産時の母親のオメガ3脂肪酸レベルも分析されています。このため、メチル水銀による子どもの認知行動面への影響は、主に沿岸部在住の参加者の結果から解析が行われました。生後18ヵ月までの調査結果が報告されていますが、５６６名の子どもに対し、海外の疫学調査でよく使われている発達検査を行ったところ、その中の運動発達指標で、臍帯血中総水銀濃度との負の関連性が観察されました。[★章末注3][※6]

ところで、出生体重の解析では、男児で負の影響が顕著であったことから、生後18ヵ月の調査でも男女別に解析を行いました。その結果、女児では関連性は観察されなかったものの、男児では、臍帯血中水銀濃度が増加すると、運動発達指標の得点が減少する現象が確認されました。

先ほどの出生体重について調べた結果でもそうでしたが、メチル水銀に対しては、男児の感受性が高い可能性が考えられます。

影響の大きさ

このように、私たちが行ってきた東北コホート調査によって、現在の日本人の曝露レベルでも、軽微ながら、胎児期曝露に関連して子どもの成長と発達に影響を及ぼしていることが示唆されました。ただし、統計学的に有意な差があることと、実質的な意味で子どもの健康に影響があることとは異なりますので、得られた結果については、慎重な検討が必要です。

それでは、東北コホート調査ではどれくらいの影響が観察されたのでしょうか。臍帯血中水銀濃度が増加すると、運動発達指標の得点が減少する現象が確認されたことを紹介しましたが、曝露が低い集団と、曝露が高い集団の得点の差はおよそ5点くらいです。発達検査の平均点は100程度ですので、その差は5％くらいと推定できます。この影響は軽微といえるかもしれませんが、集団として見ると、無視できない影響と考えられます。

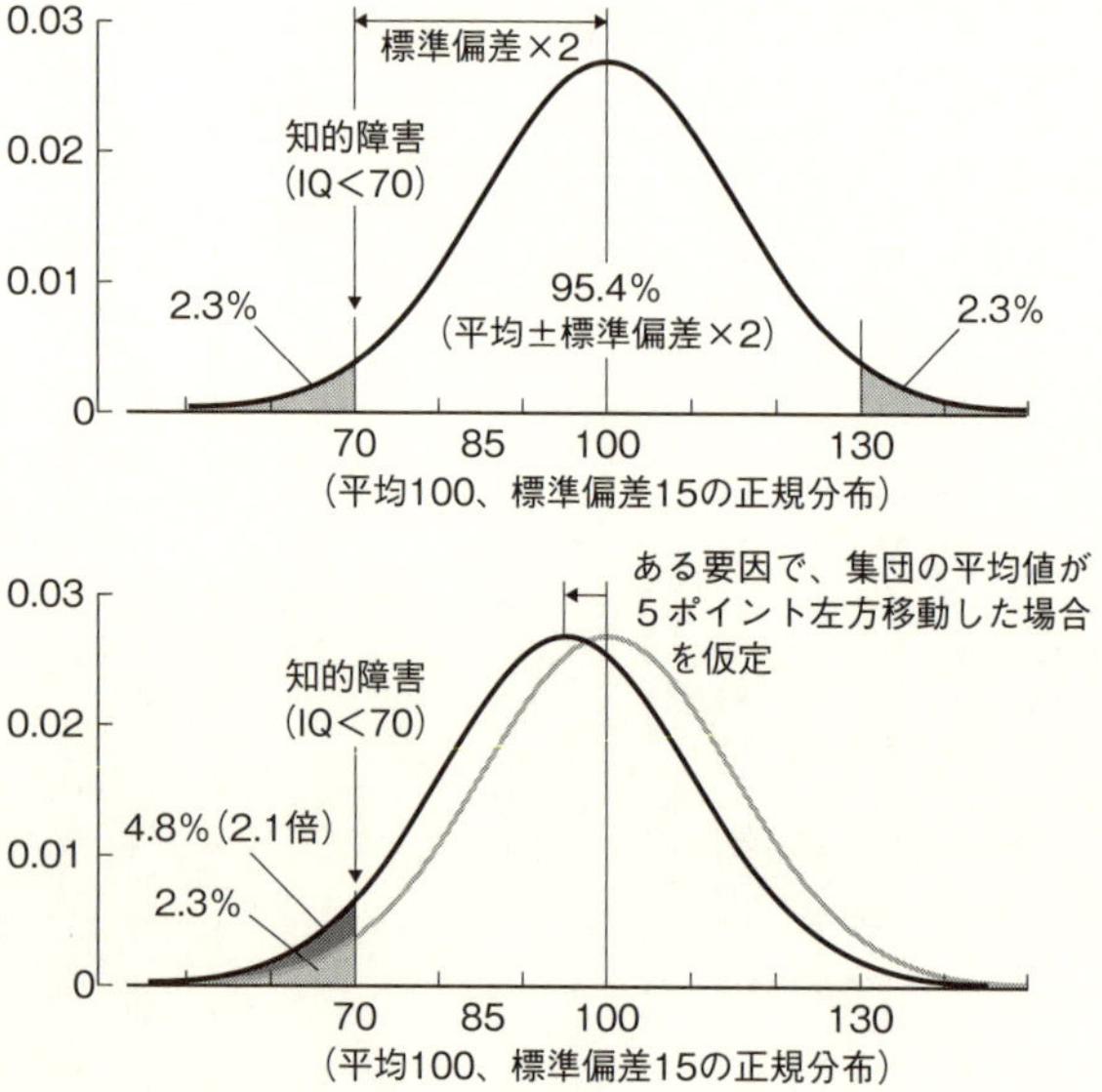

図6-3 平均値で5%程度の影響は大きいか？
知能指数（IQ）は平均値100、標準偏差15の正規分布を示す（上）。この時に、ある化学物質の曝露で平均値が5ポイント減少した時の影響を推定した。知的障害の目安であるIQ70以下の割合は、一般には2.3%程度観察されるが、曝露があると2.1倍の4.8%に増加する（下）

具体的な例として、出生体重や発達指数は、正規分布の形をとることが知られています。仮に、正規分布する指標で、ある化学物質の曝露が原因で、平均値が5%低下する状況を想定してみます。

知能指数（IQ）を例に考えてみましょう。IQは平均100、標準偏差（SD）は15の分布を示します（図6-3上）。IQの数字だけで知的障害を定義できるものではありませんが、知的障害の一つの目安として、IQが70以下であることが用いられます。IQの分布でSDは15であることを考えると、70以下となる割合は全集団の2・3％と推定されます。

ここで、ある化学物質による曝露で、集団全体の子どものIQが5低下したと仮定します。曝露がない集団と、曝露がある集団の分布を重ね合わせても、ほとんどの子どもたちのIQには大きな差は見られません。

しかし、IQが70以下の子どもの割合に注目した場合、曝露がないときは2・3％であったのに対して、曝露があるとその割合は2・1倍の4・8％に増加することがわかります。※7 すなわち、何らかの事情でIQが低いハイリスクな子どもにとっては、化学物質曝露は、たとえ軽微な影響であっても、大きな負のインパクトがあることを強く示唆しています。

リスク管理と基準値

一般に、健康に関するリスクが観察された場合、3つの選択肢があるとされています。「リスク回避」「リスク削減」または「リスクの受け入れ」です。リスク回避は、リスクのあることを全くしないでリスクをゼロとすることです。リスク削減は、ゼロにすることが難しい場合、可能な限り削減することです。一方で、リスク削減も難しい場合、そのリスクを受け入れることも考えられます。

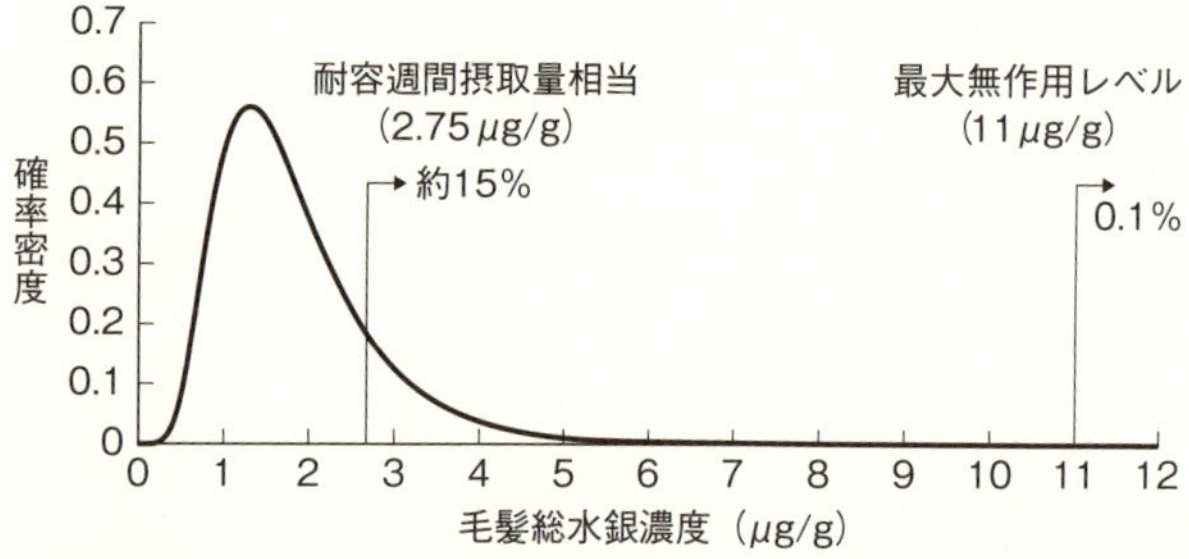

図6-4 日本人女性の毛髪水銀値の分布の推定
国立水俣病総合研究センターが2000～2004年にかけて国内14ヵ所で行った調査では、15～49歳の1280名の女性の毛髪水銀濃度について見ると、耐容週間摂取量相当の毛髪水銀濃度（2.75μg/g）を超えた女性は全体の15%であり、最大無作用レベルの毛髪水銀濃度（11μg/g）を超えた女性は0.1%と報告されている[*2]。その報告を参考に作図した

メチル水銀の場合は、原因が明確であり、メチル水銀を多く含む魚介類の摂取量を減らすことで、リスクを削減できます。海外の先行研究の結果を受けて、日本でも、妊娠女性のメチル水銀摂取量に安全基準を設けるべきであるという気運が高まりました。そのため、2005年に内閣府の食品安全委員会からメチル水銀の摂取基準についての提案がありました。

同委員会は、胎児がハイリスクグループであると認定し、妊娠またはその可能性がある女性を対象に、メチル水銀の耐容週間摂取量を、2・0μg/kg体重/週（Hgとして）としました。耐容週間摂取量とは、非意図的に食品中に存在、あるいは、食品を汚染している物質について、ヒトが許容できる1週間当たりの摂取量のことです。

一般に、耐容週間摂取量は、まず動物実験や人を対象にした調査結果から最大無作用レベル★章末注4を決定し、不確実係数を考慮して決定されます。最大無作用レベルとは、化学物質について、それを生涯継続して摂取しても影響が出ないと判断される最大の量を意味します。そして不確実係数とは、耐容週間摂取量を決める際に、最大無作用レベルに対して、さらに安全性を考慮するために用いられる係数です。不確実性に配慮して、安全性を確保するためにかなり慎重に見積もった基準といえます（図6-4）。

食品安全委員会の提案を受けて、厚労省は同年、妊婦を対象として、耐容週間摂取量を超えないよう、メチル水銀濃度が比較的高い一部の魚介類の摂取を控えるように、「妊婦が注意すべき魚介類の種類とその摂食量の目安」（図6-5）を発表しました。この資料では、メチル水銀の濃度が高い一部の魚介類について、1週間当たりの摂取量の目安が示されています。

摂取量の目安は、メチル水銀の濃度が高い魚介類をリストアップし、耐容摂取量の50％に相当する部分をこうしたグループから摂取し、残りの50％をそれ以外の魚介類から摂取するものと仮定して定められました。メチル水銀は魚介類の大半に含まれているため、注意すべき魚介類の摂取を控えたとしても、メチル水銀の摂取をゼロにすることはできないからです。

ただし、この目安は一般の方に必ずしもわかりやすいものではないため、冒頭に紹介したような妊娠中の女性を対象にしたパンフレットが作成されました（図6-6）。このパンフレットでは、日本人が平均して食べる魚の一人前約80g（刺身ならびに切り身とも同量）を1単位として、そ

摂食量（筋肉）の目安	魚介類
1回約80gとして妊婦は2ヵ月に1回まで （1週間当たり10g程度）	バンドウイルカ
1回約80gとして妊婦は2週間に1回まで （1週間当たり40g程度）	コビレゴンドウ
1回約80gとして妊婦は週に1回まで （1週間当たり80g程度）	キンメダイ メカジキ クロマグロ メバチ（メバチマグロ） エッチュウバイガイ ツチクジラ マッコウクジラ
1回約80gとして妊婦は週に2回まで （1週間当たり160g程度）	キダイ マカジキ ユメカサゴ ミナミマグロ ヨシキリザメ イシイルカ クロムツ

（参考1）マグロの中でも、キハダ、ビンナガ、メジマグロ（クロマグロの幼魚）、ツナ缶は通常の摂食で差し支えありませんので、バランス良く摂食して下さい。

（参考2）魚介類の消費形態ごとの一般的な重量は次のとおりです。

寿司、刺身	一貫又は一切れ当たり	15g程度
刺身	一人前当たり	80g程度
切り身	一切れ当たり	80g程度

図6-5 厚生労働省が作成した「妊婦が注意すべき魚介類の種類とその摂食量の目安」

れぞれの魚に含まれる水銀量を●印で表し、1週間に摂取する水銀量が●1個を超えないように注意を呼びかけています。

しかし残念ながら、こうした啓蒙活動にもかかわらず、現在でも耐容週間摂取量を超えてメチル水銀を摂取している妊娠女性は、少数ながら観察されます。今

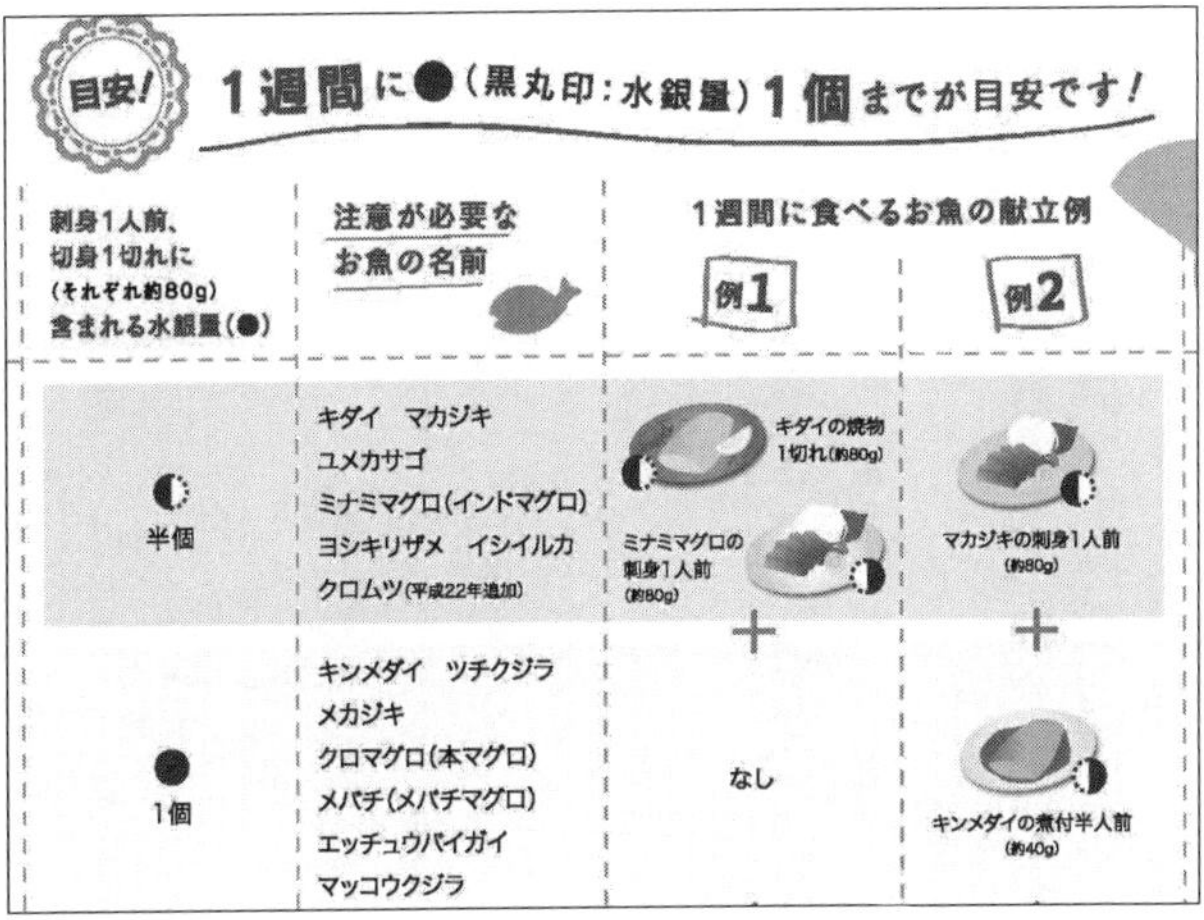

図6-6
厚生労働省が妊婦向けに作成した「水銀過剰摂取」に注意を呼びかけるパンフレットに記載された1週間の献立例の一部

後も、さらなる啓蒙活動が必要でしょう。

ところで、この注意事項の対象は妊娠女性のみであり、大人や小児は対象外です。その理由として、小児は成人と同様のメチル水銀の排泄機能を有しており、また脳への作用も成人と類似していると考えられること、さらに海外の先行研究から胎児期の曝露が重要であるものの、小児の毛髪水銀濃度は子どもの発達指標と関連しなかったことなどが挙げられます。

メチル水銀の摂取を賢く減らすには

これまでお話ししてきたとおり、メチル水銀は、生態系における生物濃縮により魚介類に蓄積することがすでにわかっており、ヒトにとってのメチル水銀の主な曝露源と曝露経路は、魚介類とその摂取と考えられます。したがって、メチル水銀の曝露を回避する簡単で確実な方法は、魚介類の摂取を控えることになります。実際、毛髪に含まれる水銀濃度は、魚の摂取量とおおむね比例することがわかっています。

しかしながら、ここで重要なのは、魚介類には、メチル水銀以外にも、さまざまな栄養素が含まれていることです。魚介類は良質なタンパク源であり、ミネラルやオメガ3脂肪酸などの不飽和脂肪酸[★章末注5]にも富んでいます。特に、オメガ3脂肪酸の一つであるDHAは魚介類以外の食材から摂取することが難しい栄養素です。つまり、魚介類の摂取量を減らすと、このオメガ3脂肪酸の摂取量も減ってしまうことになります。この意味で、魚介類は、メチル水銀などの有害成分に加え、貴重な栄養成分を含むリスクとベネフィットの両面性を有する食材と考えられそうです[※7]。

1日60gの魚を食べると死亡率が12%も低下

昔から、魚介類の多食が健康に寄与するということはよく知られていますが、これは最近の研究でも再確認されています。12報の論文に用いられた合計67万人のデータを解析した2016年の研究では、魚介類の摂取量が多いほど、総死亡率が減少し長生きすることが報告されています[※8]。具体的には、1日当たり60gの魚を食べると、魚を食べない人に比較して、死亡率が12%低下する結果が示されています（図6-7）。

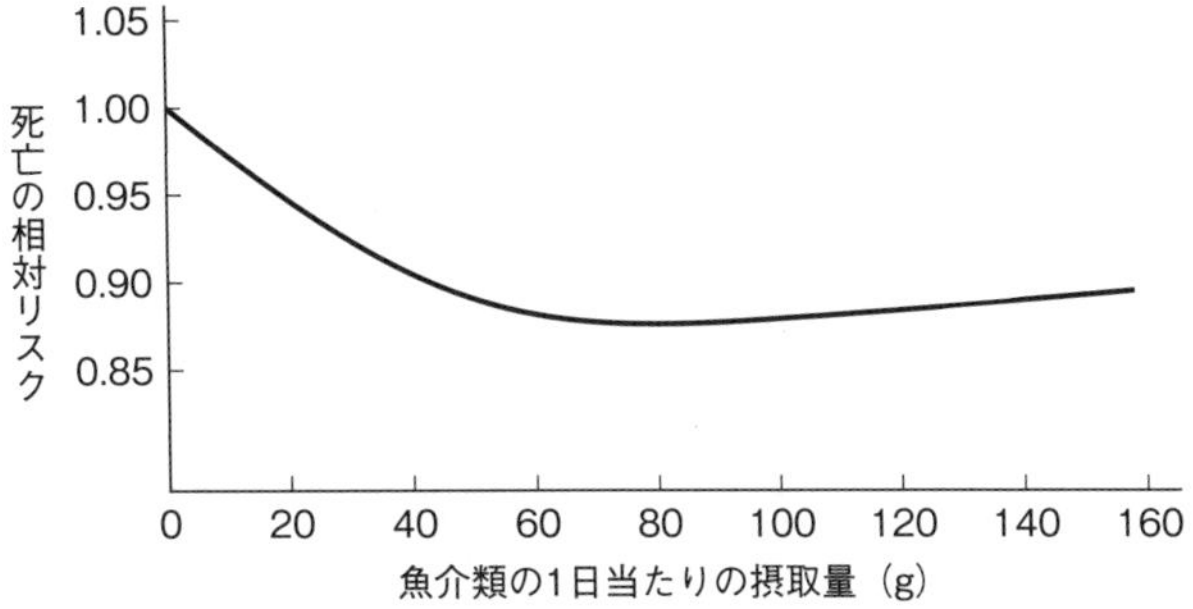

図6-7　魚介類の摂取量と死亡の相対リスク
2016年に報告された解析では、魚介類摂取量と死亡の相対リスクを計算したところ、1日当たり60gの魚を食べると、魚を食べない人に比較して死亡率が12％低下したが、それ以上の魚介類を食べても相対リスクは低下しなかった*8

ただし、魚介類を多く食べれば食べただけ死亡率が減少するかというと、そうではないようです。魚介類の摂取量がある程度まで到達すると、それ以上食べても効果は頭打ちになる現象も示されています。

魚を食べると、DHAやEPA（エイコサペンタエン酸）の働きで、心筋梗塞などのリスクを下げることができるという調査報告もあります。2006年に報告された別の論文では、週に1～2回魚を食べると総死亡率が17％低下し、心筋梗塞のリスクは36％減少することから、週に170g程度の魚を食べることが推奨されています。※9

そのほかにも、魚介類摂取は、乳がん、大腸がんや肺がんのリスクを下げる効果があるとされています。※10また、オメガ3脂肪酸の栄養学的な利点として、高血圧の緩和、うつ症状の軽減、認知症の緩和にも効果があると考えられています。

　このように、魚介類の摂取量を控えれば、メチル水銀の摂取量を低減することができますが、同時に、オメガ3脂肪酸の摂取量も減少してしまい、オメガ3脂肪酸の栄養学的なベネフィットも失うことになります。したがって、成人について考えた場合は、メチル水銀に対しての感受性はそれほど高くはなく、逆に、オメガ3脂肪酸の栄養学的なメリットが大きいと考えられることから、魚介類は積極的に摂取したほうがいいと判断されます。

　しかし胎児は、前述したようにメチル水銀に対する感受性がもっとも高い集団です。したがって、妊娠中の女性の魚介類摂取については、特別な注意が必要となります。

　その一方で、オメガ3脂肪酸は、胎児の発達にも有用と考えられており、実際、新生児の脳には、高濃度のＤＨＡが含まれていることが知られています。つまり、妊娠中は魚介類を積極的に摂取したほうがいいと考えられます。

　この矛盾の解決方法として、メチル水銀が多い特定の魚介類の摂取を控える一方で、微量のメチル水銀が含まれている魚介類については、積極的に摂取する方法が有効と考えられます。

　先ほど、厚労省から妊娠中に摂取を控えるべき魚介類に関する注意事項が公表されていることを紹介しましたが、その注意事項を守る限り、胎児への影響が懸念されるほどのメチル水銀の曝露は起こり得ないと考えられます。先ほどのリスク管理の選択肢から見たら、「リスク削減」と

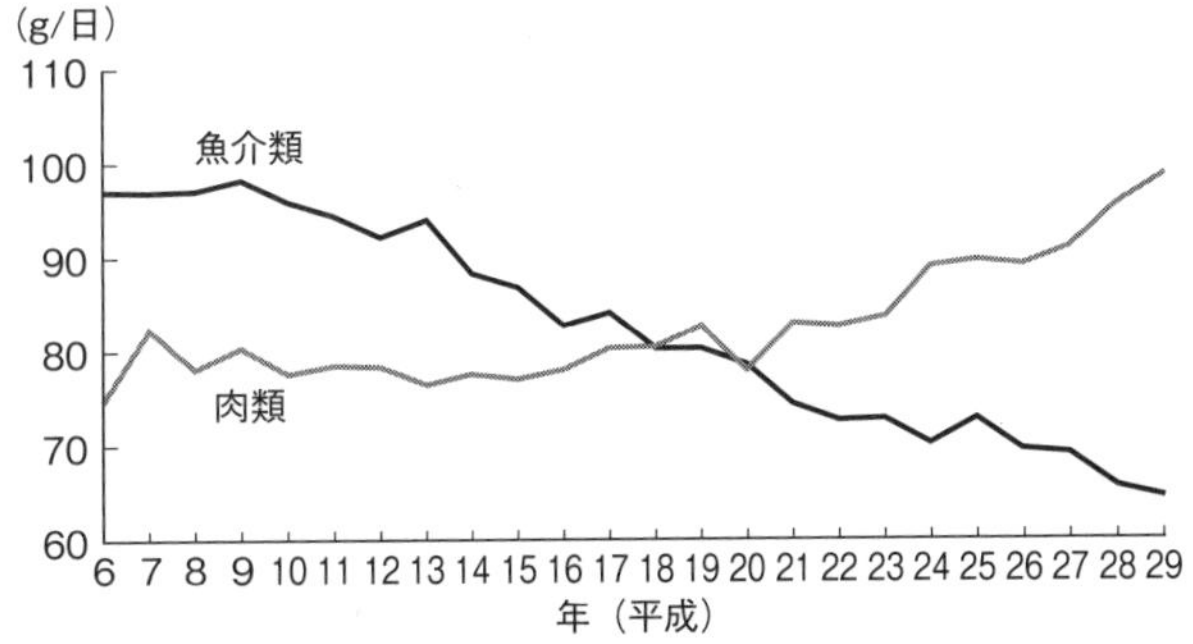

図6-8　魚介類と肉類の１人１日当たり摂取量の推移
魚介類摂取量が減少する一方で、肉類の摂取量は増加している
出典：厚生労働省「国民栄養調査」（平成14年まで）および「国民健康・栄養調査」（平成15年以降）

いう方法に相当します。

日本人は、長年、魚を食べる食習慣を有してきました。和食は、日本人の伝統的な食文化として、ユネスコの人類無形文化遺産にも登録されています。日本の国土は南北に長く、海や山に囲まれ、多様な食材を活用し、動物性脂肪の少ない食事が特徴となっており、そのことが日本人の長寿、肥満防止に役立っていると考えられます。

メチル水銀の有害性をめぐる議論では、魚介類の摂取の是非が必ず争点として浮上します。しかし、日本人の魚介類摂取量の推移を見てみると（図6-8）、実態として、日本人の魚介類摂取量は、すでに長期間にわたって一貫して減少していることがわかります。

そして、魚介類の摂取が減る一方で、肉類の摂取量は増加しています。魚介類の代わりに肉類を摂取した場合、動物性脂肪の摂り過ぎが懸念されることになります。魚介類摂取の是非だけでなく、魚介類を賢く利用しつつ、健康的な食生活をどのように確保するのか、という広い視点が大切と考えられます。

（仲井邦彦　東北大学大学院医学系研究科教授）

★1……水俣病は、必ずしも生態系の上位者ではない海辺に棲む貝類を多食した人でも発生していたことから、当時（1960年代）の水俣周辺の海は、生物濃縮のレベルがそれほど高くない魚介類の摂取でも水俣病を発症してしまうほど、汚染レベルはひどかったと推測されている。

★2……重回帰分析の偏回帰係数はマイナス188gだった。水銀濃度は対数正規分布をとることから、解析では対数変換されている。この偏回帰係数より、臍帯血の水銀濃度が10倍になると、体重が188g減少する関係になることが示される。

★3……東北コホート調査では、海外の疫学調査で頻繁に使われているBayley Scales of Infant Development（BSID-II）という発達検査を行ったところ、その中の運動発達指標（psychomotor development index, PDI）で、臍帯血総水銀濃度と負の関連性が観察された。PDIの結果については、統計学的に有意であるものの、影響の大きさとしては重回帰分析の偏回帰係数がマイナス4・8だった（水銀濃度は対数変換されている）。このことは臍帯血の水銀濃度が10倍になると、PDIは5減少したことになる。発達指数は平均100、標準偏差（SD）15の正規分布を示す。平均値で100の検査で5の変化なので、今回観察された影響は比較的軽微といえる。

★4……メチル水銀の化学物質曝露の決定に際しては、無作用レベルとして、フェロー諸島の研究（母親毛髪水銀値として10μg／g）及びセーシェル共和国の研究（母親毛髪水銀値として12μg／g）の平均値11μg／gが採用された。さらに毛髪水銀濃度に相当する母親の血液中の水銀濃度を推定し、ついで母親の経口摂取量をワンコンパートメントモデルに適用して計算し、さらに安全性を高めるため不確実係数が適用され、最終的に耐容週間摂取量は水銀2・0μg／kg体重／週とされた。

★5……脂肪酸は、その組成から飽和脂肪酸と不飽和脂肪酸に分類される。不飽和脂肪酸は、さらに一価不飽和脂肪酸（オレイン酸など）と多価不飽和脂肪酸に分類され、多価不飽和脂肪酸は、さらにアラキドン酸などのオメガ6脂肪酸と、DHAやEPAなどのオメガ3脂肪酸に分けられる。オメガ6脂肪酸であるアラキドン酸は必須脂肪酸だが、摂りすぎると炎症性反応が過剰に進むことから、オメガ6脂肪酸の摂取量を控えて、オメガ3脂肪酸の摂取量を増やすことが推奨されている。オメガ3脂肪酸は、マグロ、ブリ、サバ、イワシなどの青魚に多く含まれ、これらの魚を多く食べる人で血液中のDHAやEPAが高くなることがわかっている。

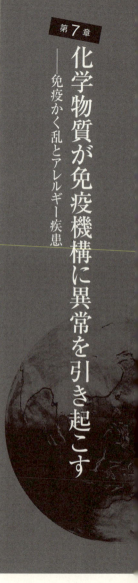

第7章 化学物質が免疫機構に異常を引き起こす

——免疫かく乱とアレルギー疾患

低レベルの化学物質曝露による健康影響の懸念

過去の重大な公害病や環境汚染に対する反省のもと、わが国では、さまざまな法的規制や検査体制が整備されてきました。例えば、化学物質の審査及び製造等の規制に関する法律（化審法）や化学物質排出把握管理促進法（化管法：ＰＲＴＲ法ともいう）では、化学物質の安全性審査や排出量の把握・管理が進められています。また、大気や水などの環境基準や、工場・事業所からの排出基準などが定められるとともに、数多くの化学物質の分析法が整備され、これらの環境中、あるいは食品中の濃度の調査が実施されています。

こうした努力もあり、日本における有害化学物質の汚染状況は、全般的には大きく改善されてきています。まだ低いレベルでの汚染は残されているものの、化学物質の高濃度曝露による深刻な健康被害に関する事例は著しく減少しています。

しかしながら、現代社会に暮らす私たちは、膨大な種類の化学物質に日々さらされています。低レベルの化学物質への汚染なら、本当に安全なのでしょうか？

生体恒常性のかく乱とアレルギー疾患の増加

実は近年、低濃度の環境汚染物質の健康に与える影響が、大きな懸念材料として浮かび上がってきています。その特徴として挙げられるのは、①低濃度で生体恒常性のかく乱作用があること、②旧来の急性・亜急性毒性などの一般毒性試験法では検出や評価が困難であること、③個人ごとの感受性の差によって健康影響の程度が著しく異なること、④複合影響があること、です。死に直結するわけではないものの、健康を害し生活の質（Quality of Life：ＱＯＬ）を損なう可能性があるこうした物質を、私は「健康有害物質」と呼んでいます。

①の「生体恒常性」はホメオスタシスとも呼ばれ、周囲の環境の変化によらず、生体内の状態を一定に保つ機能のことをいいます（図7−1）。ヒトの体内には、神経系、内分泌系、免疫系の3種の高次機能の連携システムにより生体恒常性を維持する機構が備わっており、その働きによって、体内環境を安定した状態に保っています。神経細胞からは神経伝達物質が、内分泌細胞からはホルモンが、免疫細胞からはサイトカインと総称される一連のタンパク質が分泌され、それ

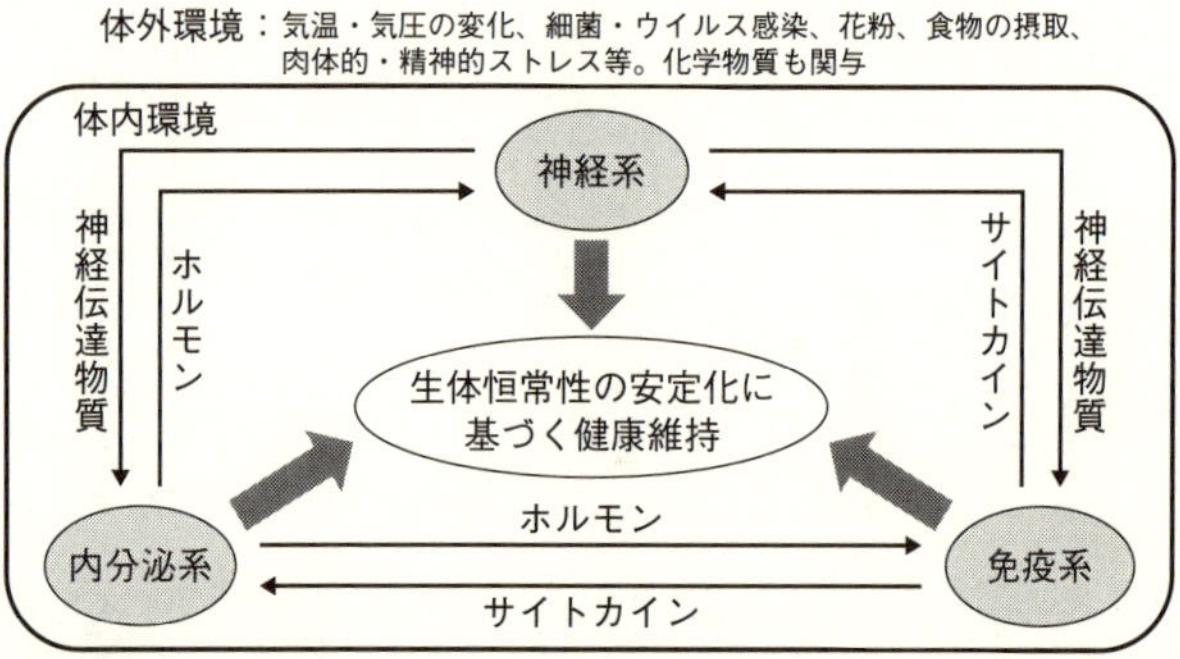

図7-1
私たちの健康・生体恒常性を支えている神経系、内分泌系、免疫系

ぞれ相互調節しながら生体の恒常性を維持しています。

ひとたび神経伝達物質やホルモン、サイトカインの分泌異常が起きると、安定状態が失われてしまい、さまざまな症状があらわれます。神経伝達物質であるドーパミンの不足で起きるパーキンソン病、甲状腺ホルモンの過剰分泌で起きるバセドウ病、サイトカインの過剰分泌で発生する自己免疫疾患など、現代人を苦しめる多くの病気は、生理活性物質の分泌異常が起きた結果、生体恒常性が失われたために生じる病気です。

そして最近の研究により、極低用量の化学物質が生体恒常性にかく乱作用を示すことが明らかになってきました。私たちがとりわけ気になっているのは、アレルギー疾患の増大です。

図7-2は、わが国のアレルギー疾患の推計患者数(医療施設受療者数)の年次推移を示したものです。[※1] 2

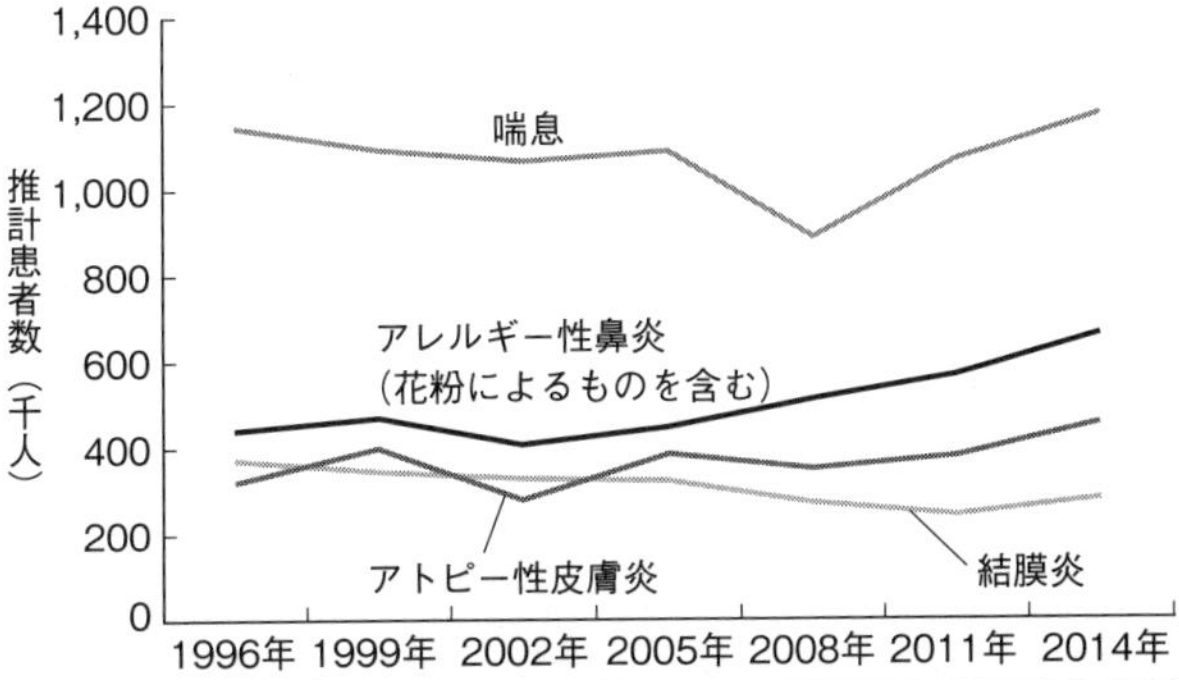

注1）調査の時期：10月中旬の3日間のうち医療施設ごとに定める日において実施（定点調査）
注2）推計患者数：患者調査において、調査時点、継続的に医療を受けている者（調査日には医療施設を受療していない者も含む。）の数を、算式により推計したもの。
注3）結膜炎：非アレルギー性の結膜炎患者を含む。

出典：厚労省健康局がん・疾病対策課　第1回アレルギー疾患対策推進協議会（2016年2月3日）「アレルギー疾患の現状等（資料2）」より抜粋

図7-2　アレルギー疾患推計患者数の年次推移

０１４年の喘息《ぜんそく》、アレルギー性鼻炎（花粉症も含む）やアトピー性皮膚炎の患者数は、１９９６年と比較して明らかに増加傾向にあります。

世界的にも、先進国や都市部を中心にアレルギー疾患の患者数は増加傾向にあり、人々の健康や社会経済に著しい損失をもたらしています。例えば、乳幼児期に発症したアトピー性皮膚炎がなかなか完治しないまま成人まで持ち越すと、さらにアレルギー性鼻炎や気管支喘息を誘発することが知られています。こうした病気は、一度発症するとなかなか完治せず、患者が受ける精神的・肉体的苦痛と経済的負担は計り知れません。

アレルギー疾患ごとの年齢別患者構成割

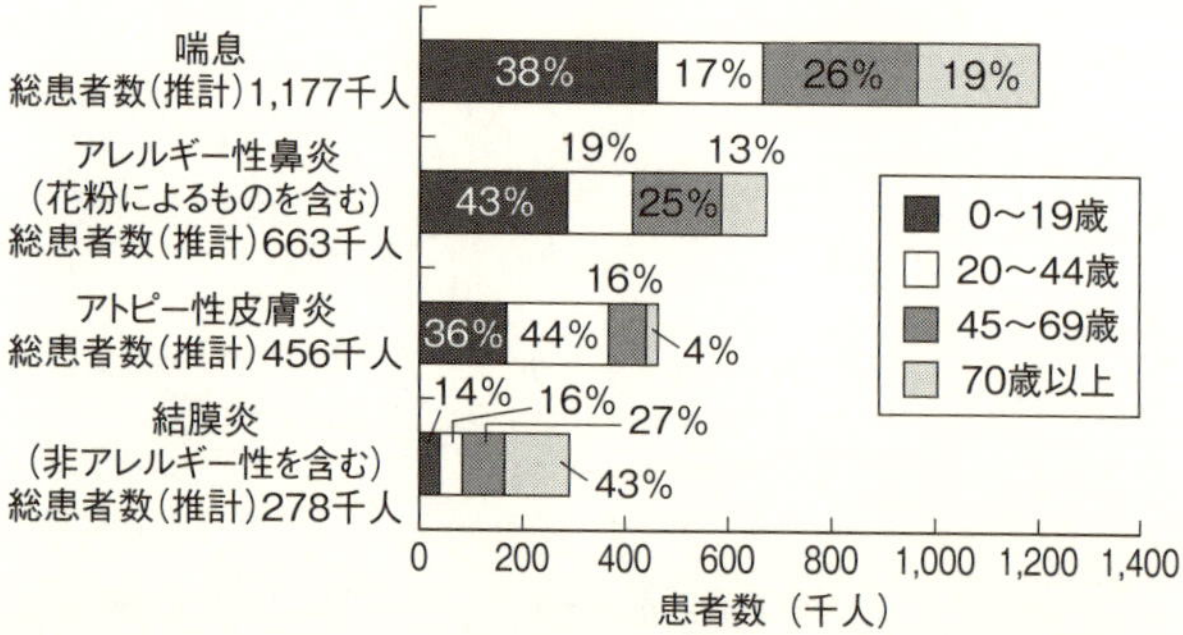

図7-3 アレルギー疾患の年齢別患者構成割合の比較（2014年調査）
出典：厚労省健康局がん・疾病対策　第１回アレルギー疾患対策推進協議会（2016年２月３日）「アレルギー疾患の現状等（資料2）」より抜粋

合を比較してみると、[※1]０～19歳までの若年者世代が多いことがわかります（図7-3）。この世代は、１９９５年以降の環境汚染が飛躍的に改善された時代に出生し、成長した世代にあたります。それなのに、なぜ患者数が増えているのでしょうか。

近年の日本におけるアレルギー疾患患者の増加の要因として、「遺伝的素因の変異説（遺伝要因）」と「衣食住などのライフスタイルの変化説（環境要因）」が唱えられています。[※2]遺伝子変異は、通常は世代を経て起きるもので、20年足らずで起きたアレルギー患者数の増加現象を「遺伝的素因の変異説」だけで説明することは困難です。その理由は、アレルギー疾患患者の遺伝子に大きな変異があることは認められていないことに加え、一塩基多型（Single Nucleotide Polymorphism：SNP）と呼ばれるごく微少の遺伝子の変異についても、多くの人の共通した部位に短期間で変異を起こすことは確率的にも考えにくいためです。従って、私は、アレルギー疾患患者の増加要因の一つとして、日本人のライフスタイルの変化に伴って起きた、従来になかったタイプの化学物質への曝露が、アレルギーの発症や増悪化の引き金になっているのではないかと考えています。

実際、化学物質とアレルギーの関係はいろいろと確認されています。例えば、ダニアレルゲンをあらかじめ接種したマウスに、プラスチック製品などに含まれる可塑剤のフタル酸ジエチルヘキシルを投与すると、アトピー性皮膚炎を増悪させることが知られています。[※3] また、シックハウス症候群を持つ人の場合、ホルムアルデヒドなどの化学物質によって、皮膚・粘膜の症状が悪化したり、頭痛や倦怠感《けんたいかん》など多様な症状が出たりすることも報告されています。[※4]

バリアを突破した化学物質が免疫系をかく乱する

健康有害物質による生体恒常性かく乱作用については、世界中の研究者が取り組んでおり、その成果の説明には分厚い専門書が必要になります。本章では、低用量の環境汚染物質と免疫かく乱（アレルギー発症・増悪作用）との関連性に絞って、最近の私たちの研究成果を含めて説明したいと思います。

まず、免疫系かく乱のしくみについて簡単に説明します。私たちの体には、細菌、ウイルス、花粉、ダニ、食物アレルゲン（食べ物に含まれ過剰なアレルギー反応を引き起こす物質）などの外来の異

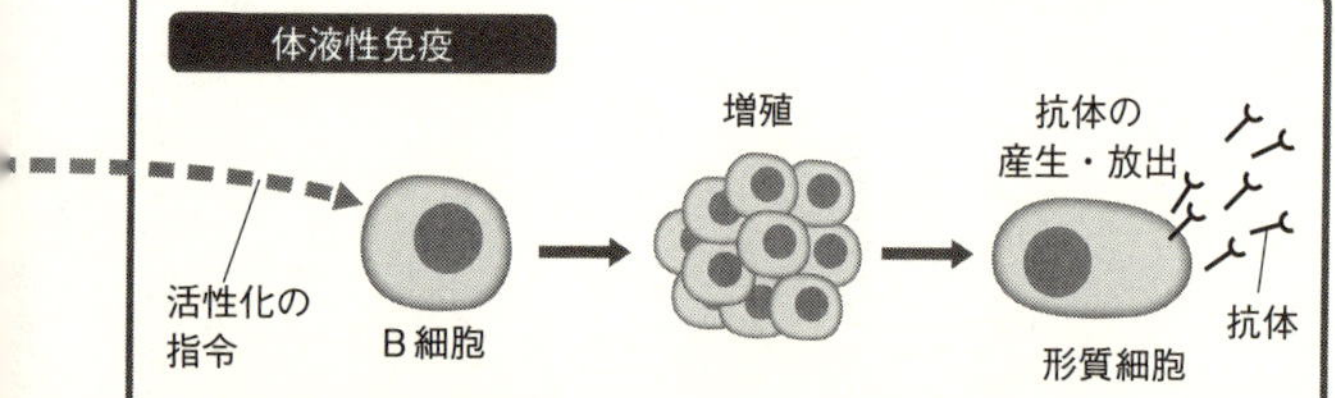

外来異物に対する特異的な抗体を産生するB細胞が、ヘルパーTリンパ球の調節のもとに増殖して、これが形質細胞に発展し、抗体の産生、分泌が起きる。抗体は病原体を無毒化するように作用する

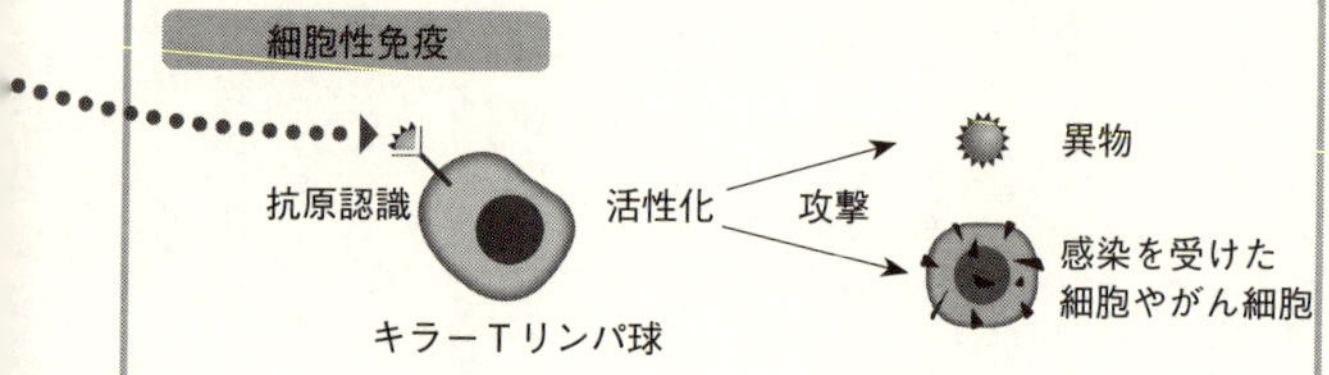

T細胞の一種であるキラーTリンパ球（細胞傷害性Tリンパ球ともいう）が異物や感染を受けた細胞の処理にあたる

物が入ってきたときに、異物をやっつけようとする「免疫」というしくみが備わっています。免疫には大きく分けて、免疫細胞が細菌やがん細胞などを直接攻撃して取り除く「細胞性免疫」と、異物に特異的に強く結合する抗体を作ってこれを排除する「体液性免疫」の2つのタイプがあります。そしてそれぞれ、T細胞とB細胞と呼ばれる異なる種類のリンパ球が関わります。[※5]

ところが、何らかの原因でこの免疫系がかく乱されると、体に害を与えない物質に対しても「有害な物質だ！」と過剰に反応して攻

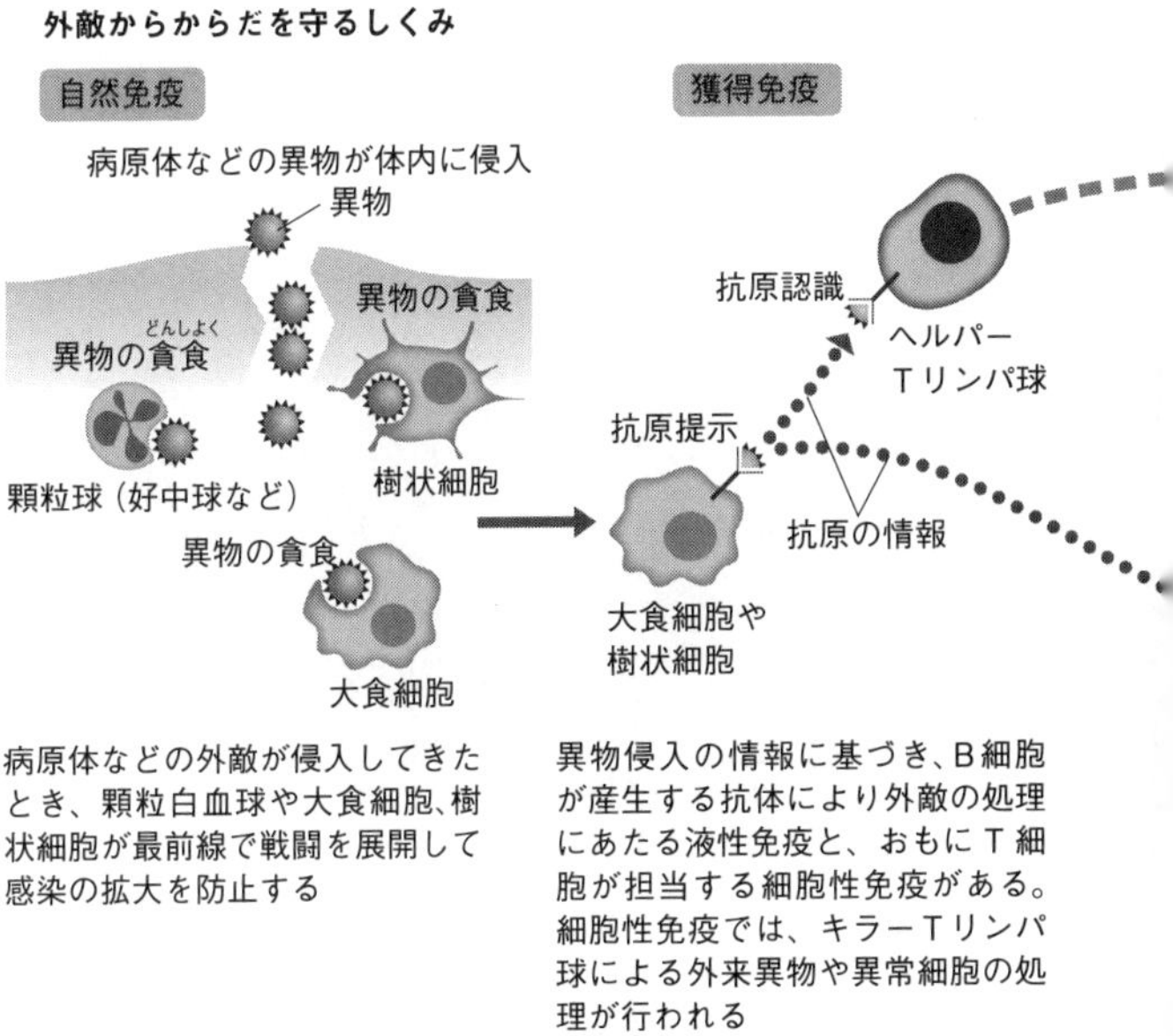
外敵からからだを守るしくみ
自然免疫
獲得免疫
病原体などの異物が体内に侵入
異物
異物の貪食
異物の貪食《どんしょく》
顆粒球（好中球など）
樹状細胞
異物の貪食
大食細胞
抗原認識
ヘルパーTリンパ球
抗原提示
抗原の情報
大食細胞や樹状細胞
病原体などの外敵が侵入してきたとき、顆粒白血球や大食細胞、樹状細胞が最前線で戦闘を展開して感染の拡大を防止する
異物侵入の情報に基づき、B細胞が産生する抗体により外敵の処理にあたる液性免疫と、おもにT細胞が担当する細胞性免疫がある。細胞性免疫では、キラーTリンパ球による外来異物や異常細胞の処理が行われる

図7-4　免疫で体を守るしくみ
ブルーバックス『新しい人体の教科書　下』より転載

撃してしまい、これがきっかけとなって、逆に体にとって有害な反応を引き起こすことがあります。

　すなわち、本来は体を守るはずの免疫反応が、くしゃみ、じんましん、結膜炎、喘息のほか、重篤な場合にはアナフィラキシーショック（全身性低血圧）など、自分自身を傷つけてしまうアレルギー症状に変わるのです。

　ひとたび免疫系がかく乱されると、体内で炎症反応などが連鎖的に拡大していくため、なかなか症状が鎮静しません。こうした状態にならないために、ヒトの免疫系には、免疫の暴走を制御するさまざまなしくみが存在します。

免疫系のかく乱を防止するうえで重要なのは、過剰な免疫反応の原因となる物質を体内に入れないことです。私たちの体を構成している細胞のうち、外界の空気や水と直接接触しているのは皮膚や腸管などの細胞です。その他の細胞は外界と遮断され、細胞外液と呼ばれる液体の中で活動しています。体の外の環境を「体外環境」と呼ぶのに対して、この細胞外液は、体を構成するほとんどの細胞の生活環境となっていることから、「体内環境」と呼ばれます。

生体恒常性のしくみにより、体内環境は常に一定の状態に保たれています。例えば、体温、血圧、血糖値は一定の範囲内に収まっていますし、気道の粘膜は一定の粘度の粘液で潤い、胃の中は胃酸の分泌により一定のpHに保たれています。さまざまな外的要因で体調不良や病気になるということは、それらの機能（生体恒常性）がかく乱、あるいは破綻した状態にあることの現れなのです。

生体恒常性を維持するうえで、重要な役割を担っているのが腸管です。意外に思われるかもしれませんが、腸管は、ヒトの最大の免疫臓器です。ここに、体内の免疫系細胞の実に60％が存在します。この腸管と腸内フローラ（腸内細菌叢＝腸内の微生物集団）との複雑な相互作用が腸内免疫システムの構築に重要な役割を果たしており、近年のメタゲノム解析の進展で、腸内フローラの改善がヒトの健康維持にとって極めて重要な役割を果たすこともわかってきました。

COLUMN

アレルギーってなんだろう？

アレルギーにはⅠ型からⅣ型まで４つのタイプがあります。日頃、私たちが頻繁に使うアレルギーとは、Ⅰ型アレルギーのことを指しています。これは抗原が体内に入った直後から数時間以内という短時間で症状が出るアレルギー反応であることから、即時型アレルギーとも呼ばれます。

この抗原に対抗して、生体内で戦ってくれるのが抗体であり、ヒトでは大別してIgM、IgD、IgG、IgA、IgEの５種類の抗体が働いています。代表的なアレルギー疾患である花粉症、アトピー性皮膚炎、アレルギー性鼻炎、気管支喘息、食物アレルギーなども、この即時型アレルギーに分類され、主にIgE抗体が関与して症状を引き起こします。

Ⅰ型アレルギーによる免疫系かく乱のしくみを簡単に説明します。まず、①アレルゲンが粘膜に付着し、生体に侵入するとIgE抗体が作られ、②皮膚や粘膜などに広く分布するマスト（肥満）細胞のIgE受容体と結合し、その抗体の情報が記憶されます。その後、再び同じアレルゲンが粘膜に付着、侵入すると、③IgE抗体と結合した状態で待ち受けていたマスト細胞とアレルゲンとが出会うことで、この細胞が活性化し、④ヒスタミンなどの生理活性物質を放出して、周囲に炎症を起こします。その結果、花粉症の場合では、鼻水、鼻づまり、くしゃみなどの過剰反応の症状が起こります。

腸管は体内にありますが、腸管粘膜は、口や肛門を通して外界にも通じています。いうなれば、常に外気に触れている皮膚と同様に、腸管内も細菌やウイルスなどのほか、さまざまな化学物質に常にさらされています。皮膚と腸管粘膜は、生体の内外の環境の境界の役割を担っており、外界からの気温の変化や有害化学物質などの物理化学的侵襲のほか、細菌、ウイルス、花粉などの生物学的侵襲から生体を保護するためにバリアを構築しています。

図7-5は、腸管などの上皮細胞の粘膜バリアによる生体防御機構を示しています。粘膜バリアの生体防御システムを担っているのが、図中に示したタイトジャンクションなどの4種のタンパク質です。隣り合う上皮細胞の側面には細胞どうしを結びつけるこうしたタンパク質が存在し、細胞間の距離をほぼゼロにすることによって、アレルゲンなどの生体異物の透過を制御しています。

しかし、その細胞間の接着が何らかの原因で緩んでしまうと、過剰のアレルゲンの透過・侵入を許すこととなってしまいます。その結果、粘膜組織内に棲んでいる免疫担当細胞がより一層活性化され、アレルギー疾患の誘発や増悪作用を引き起こす可能性が高くなります。そしてこの細胞間接着を弱める原因として、近年注目されているのが環境汚染物質なのです。

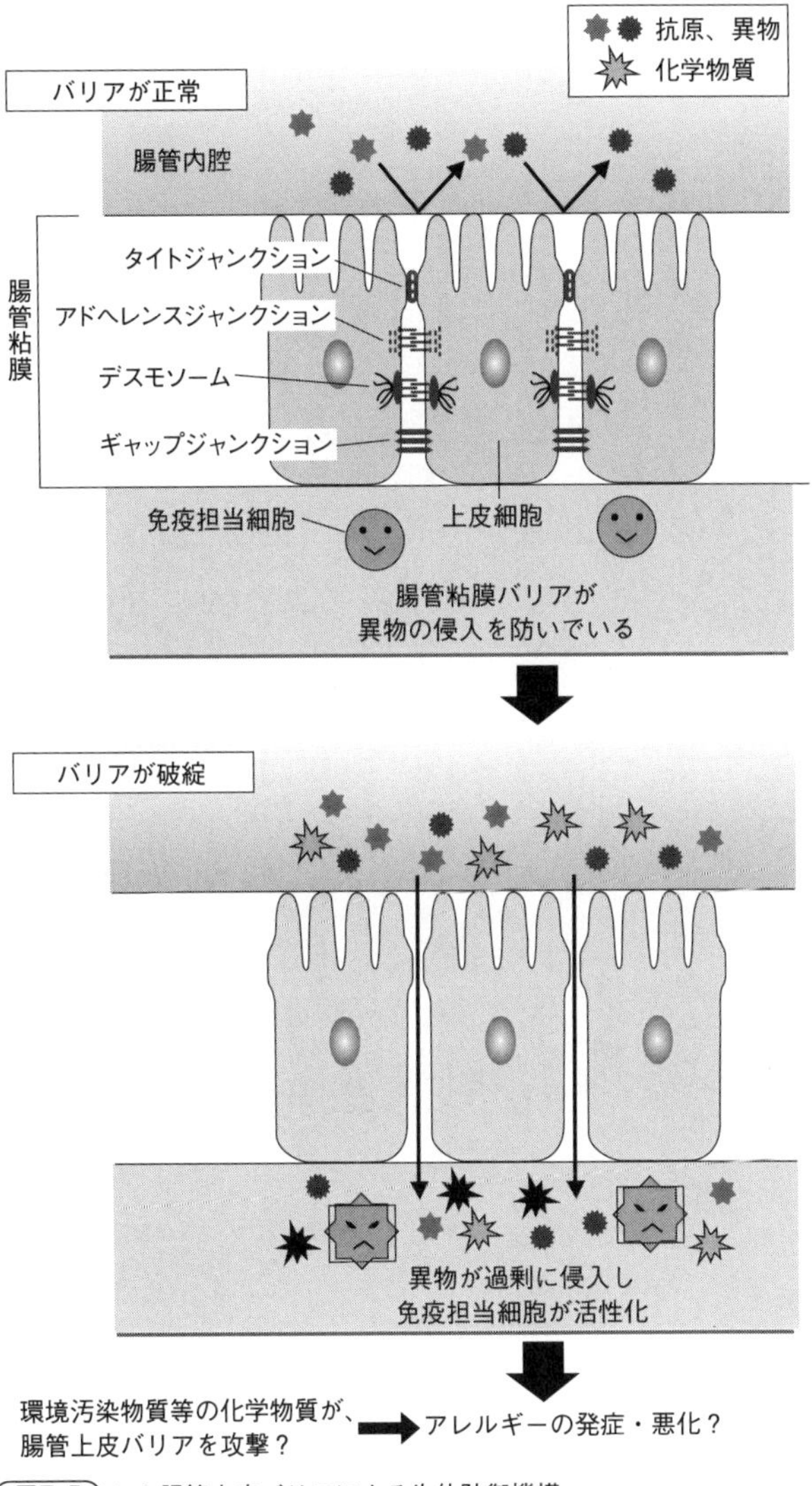

図7-5　ヒト腸管上皮バリアによる生体防御機構

腸管を模倣した免疫かく乱簡易検出法の開発

そこで私たちの研究グループでは、一部の環境汚染物質がアレルギー疾患の誘発や増悪作用を起こしているという仮説を立て、アレルギーを発症させる化学物質を簡便迅速にスクリーニングできる検出法の開発に着手しました。

図7-6を使いながら、その概要を説明します。まず、2層に重ねて細胞を培養できる特殊な構造のプレート(トランズウェルプレート・24穴)を用いて、上層側にはヒトの腸管に由来する上皮細胞を、下層側には抗原抗体反応にかかわるT細胞を培養します。

次に、健康に有害な影響を与える可能性のある化学物質を上層に添加して、どのような変化が起きるかを観察します。上層側の上皮細胞は、前述したタイトジャンクションによって、細菌・ウイルス・花粉などアレルゲン(抗原)の侵入をシャットアウトしています。添加した化学物質がこのジャンクションの結合を弱めているならば、その痕跡が現れるはずです。私たちが注目したのは、このプレートに微小な正と負の電極端子を差し込み、上皮細胞に微弱な電流を流したときに観測される膜電気抵抗値の変化でした。

もし、添加した化学物質に粘膜バリアを破綻させる能力があるならば、細胞間に隙間ができ、その隙間を通って電子が移動しやすくなるので、膜電気抵抗値が低下します。また同時に、この細胞の隙間を通って下層に化学物質が漏れ出てきます。つまり、膜電気抵抗を計測すれば、化学

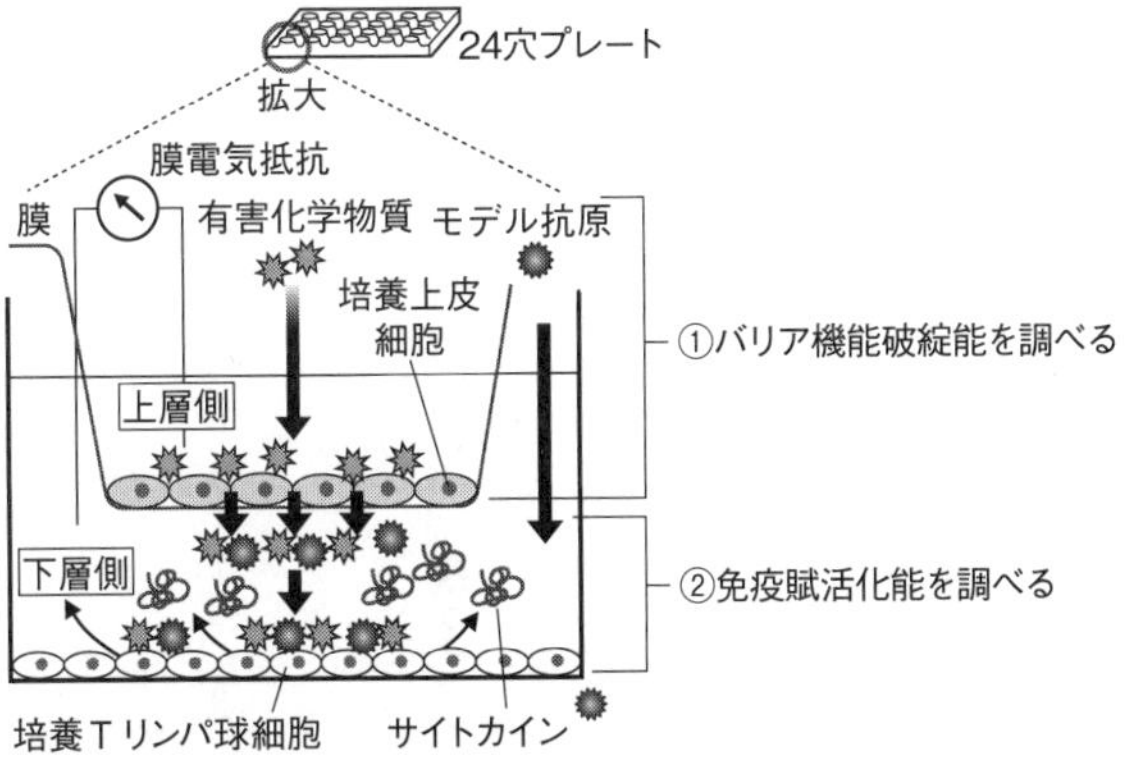

①上皮細胞のある上層部分に有害化学物質を投与した後に、膜電気抵抗を調べる。タイトジャンクションなどの細胞結合タンパク質が破綻すれば、化学物質が下層側に侵入し、膜電位抵抗が下がる
②膜電気抵抗が下がった（細胞結合タンパク質が緩んだ）状態で、モデルとなる抗原を投与し、免疫機能が賦活化（活性化）するとサイトカインの分泌量が増す

図7-6
アレルギー疾患の発症・増悪作用を有する健康有害物質の簡易型検出法

物質のバリア機能が破綻したのかどうかがわかります。

　続いて、タイトジャンクションの結合が緩んだ場合に、体内に侵入したアレルゲンによって実際に免疫反応の活性化が起きるかどうかを検証します。手がかりは、T細胞から分泌されるサイトカインの量です（厳密にはサイトカインをコードする遺伝子のmRNAの量）。T細胞が抗原抗体反応を起こす際には、サイトカインを分泌することがわかっているため、サイトカインの量を調べることにより、免疫反応が活性化しているかどうかが判断できます。

　実験では、この試験系の上層に化

学物質を添加してから48時間後に、抵抗値の低下が観察されたプレート穴の下層にある培地に、モデル抗原を添加します。そして、その2時間後にT細胞が分泌するサイトカインの量を測定しました。このように、①バリア機能破綻能、②免疫賦活化（活性化すること）能を同時に評価することで、過剰なアレルギー反応を引き起こす有害化学物質の絞り込みができるようになったのです。

免疫かく乱物質の作用機構を探る

図7-7に、私たちが開発した免疫かく乱簡易検出法を用いて実験を行い、得られた結果を示します。[※6] この実験では、毒性を示さない程度の低濃度の環境汚染物質を直接上皮細胞に投与して、それぞれのバリア破綻能を調べました。化学物質によって膜電気抵抗値が30％以上低下した場合、「破綻能がある」と判定しました。

評価した6種類の化学物質のうち、四塩素化ダイオキシン類の2,3,7,8-TCDDと多環芳香族炭化水素化合物のベンゾ［a］ピレン（以下、B[a]P）の2つにバリア破綻能が認められました。2,3,7,8-TCDDは、食品や大気中に含まれている各種ダイオキシン類のうち最も毒性の高い物質で、B[a]Pは石油に含まれ、また物が燃えるとできる発がん物質です。いずれの物質も、私たちが日常的に曝露される恐れのある化学物質です。

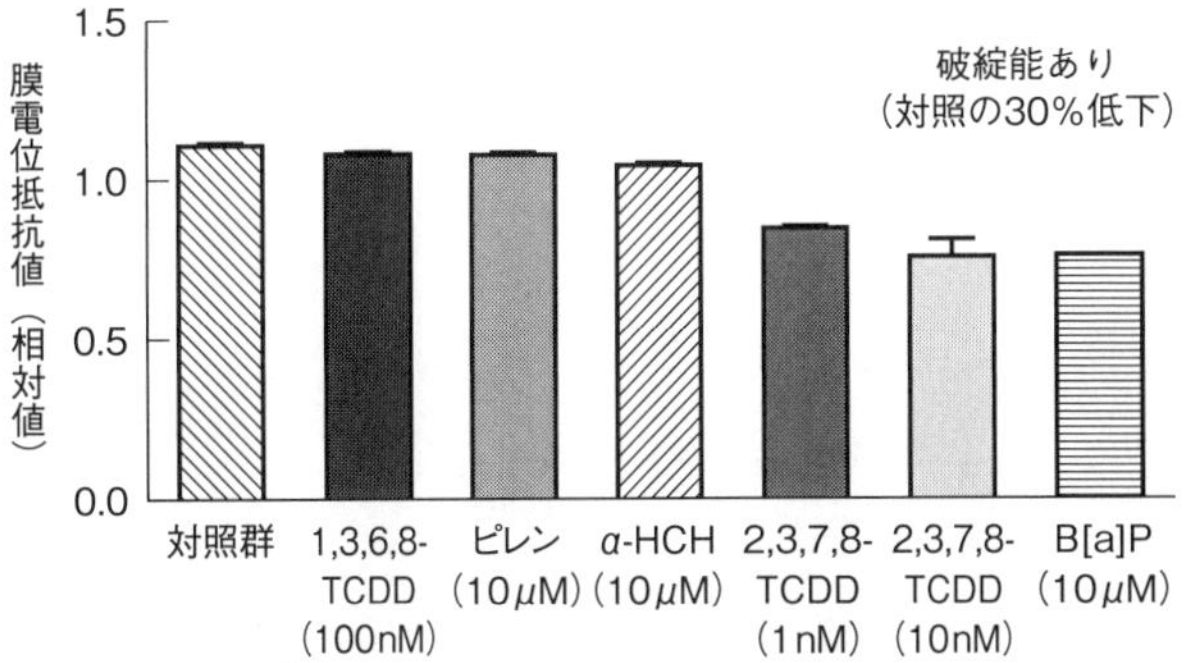

図7-7　膜電気抵抗値によるバリア破綻能の評価例

一方、同じ四塩素化ダイオキシン類でも塩素のついた位置が異なる1,3,6,8-TCDDや、Ｂ［ａ］Ｐと類似の化学構造を持つ多環芳香族炭化水素のピレンには、なぜかバリア破綻能はありませんでした。類似の化学構造なのに、なぜバリア破綻能が異なるのでしょうか。

私たちは、バリア破綻能を示した化学物質の特徴についてさらに検討したところ、これらの化合物には、ＣＹＰ１Ａと呼ばれる解毒酵素を誘導、活性化させるという共通性があることに気づきました。

肝臓にある解毒酵素はシトクロムＰ４５０とも呼ばれ、ＣＹＰ１Ａ以外にも多くの分子種があります。これらの酵素は、生体内で薬や毒物などの体外異物を分解、あるいは体外に排出するための代謝を行っています。またこの酵素は、肝臓以外にも腎臓、肺、腸管などに広く分布しています。解毒酵素は、化学物質に対する生物の感受性を左右する大きな要因です。シトクロムの誘導に

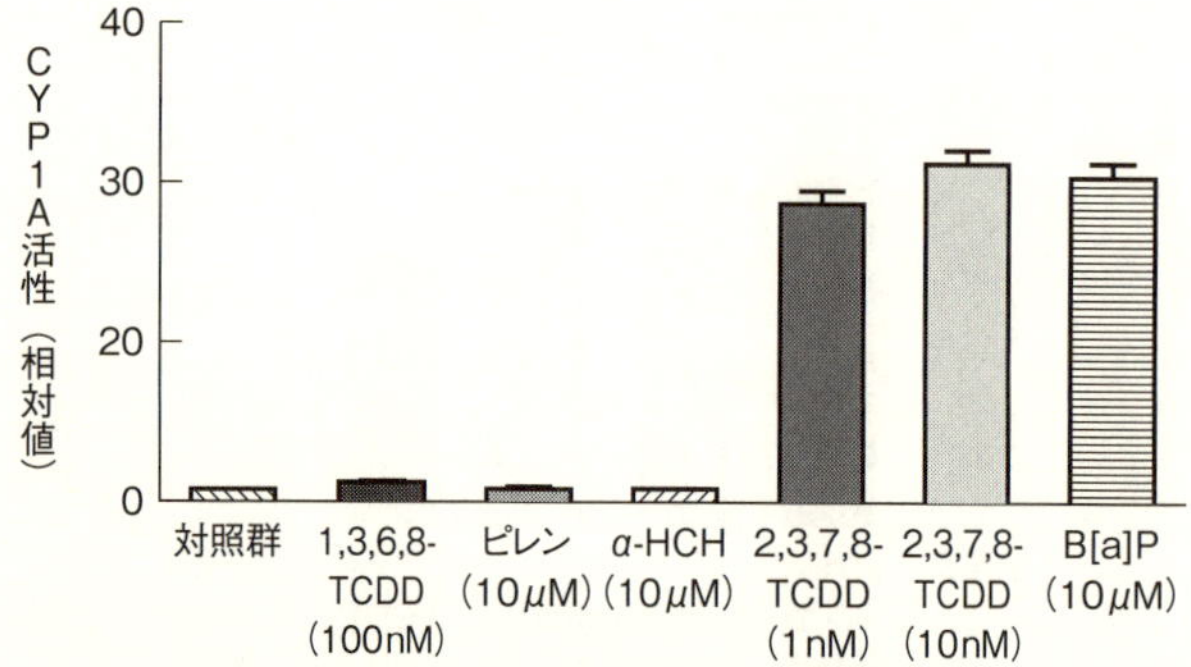

図7-8 肝薬物代謝酵素CYP1A活性化能の評価結果

ついては、第8章により詳しく説明されているのでご覧ください。

図7−8は、図7−7と同じ実験条件で行ったときの、上層の上皮細胞の解毒酵素CYP1A活性を比較したものです。[※6] 予測どおり、バリア破綻能のある2,3,7,8-TCDDやB[a]Pを添加した細胞中に顕著なCYP1A活性の上昇が観察されました。

解毒酵素活性とバリア破綻能との関連性の詳細については現時点では不明ですが、別途行った私たちの検討から、CYP1A活性の上昇によって、細胞間を接着させるタイトジャンクションのタンパク質再生や修復が遅延しており、これがバリア破綻を招いたのではないかと推測しています。

食中毒の原因となるウェルシュ菌の毒素でも同様なバリア破綻作用が報告されていますが[※7]、その毒素を培地から除去すると、細胞のバリアは急速に修復され、24時間後には抵抗値は完全に回復します。

一方、2,3,7,8-TCDDでは、培地を入れ替えて2,3,7,8-TCDDを完全に除去しても、48時間後の抵抗値の改善は全く見られません。[※6] このことから、ひとたびCYP1A活性が上昇すると、かく乱のきっかけを作った2,3,7,8-TCDDを取り除いても、ヒト腸管由来細胞のタンパク質合成のかく乱が鎮静しない可能性があります。

母乳中の有害化学物質が免疫寛容を破綻させる

これまで、低濃度の環境化学物質が健康に与える影響について、生体恒常性のかく乱から、それをとらえる実験システムの開発と最新の結果までをご紹介してきました。実は近年、成人では特に影響のないレベルの化学物質曝露であっても、胎児や乳児には重大な影響を与える可能性があるとの研究報告が国内外で相次いでいます。胎児や乳児は、化学物質に対する感受性が特に高く、その発達過程での影響は一生残る恐れもあるため、たとえ低濃度であっても、化学物質の影響については特に注視すべき対象であるという声が高まっているのです。

例えば、環境中あるいは生体中レベルが減少してきたダイオキシン類について見てみましょう。食品中のダイオキシンを測定した結果によると、わが国の成人のダイオキシン曝露量は、2009年までの10年間に3分の1にまで減り、WHOが推奨するTDI（ヒトが一生の間、毎日摂取し続けても安全と考えられる目安）の5分の1ほどの低い値になっています。2010年には、日本の母乳中のダイオキシン平均濃度も1973年に比べると6分の1にまで低下しましたが、その一方で、母乳を飲む乳児の一日当たりの曝露量を計算してみると、TDIのおよそ15倍になることがわかっています。※8

母乳にはお母さんの抗体が含まれており、免疫系が未発達の乳児が母乳を飲むことで感染から守られるなど、さまざまな大切な役割を果たしています。出生当初の乳児は、母親の胎盤から移行したIgG抗体（最も強力な抗体）のほか、母乳由来のIgA、IgMおよびIgG抗体によって、細菌・ウイルスや毒素などから守られています。

しかし、胎児期から乳児期までは免疫機能が未成熟であるため、胎児の間に胎盤を通過してきた母親由来のIgG抗体は、出生後は、増えることなく減少する一方となります。そのため、乳児体内の抗体レベルは出生後どんどん減少していき、生後6ヵ月ほどたってから、乳児自身の免疫系の発達によって徐々にまた増加するという経過をたどります（図7-9）。そのため、母乳経由で摂取することが可能な抗体は、乳児にとって重要なものです。

しかしながら、長い人生のうちのわずかな期間とはいえ、感受性の高い乳児期に、TDIを超えるペースでダイオキシンを摂取しても大丈夫なのでしょうか？　その後の子どもたちの健康面に、どのような影響を与えるのか懸念されます。

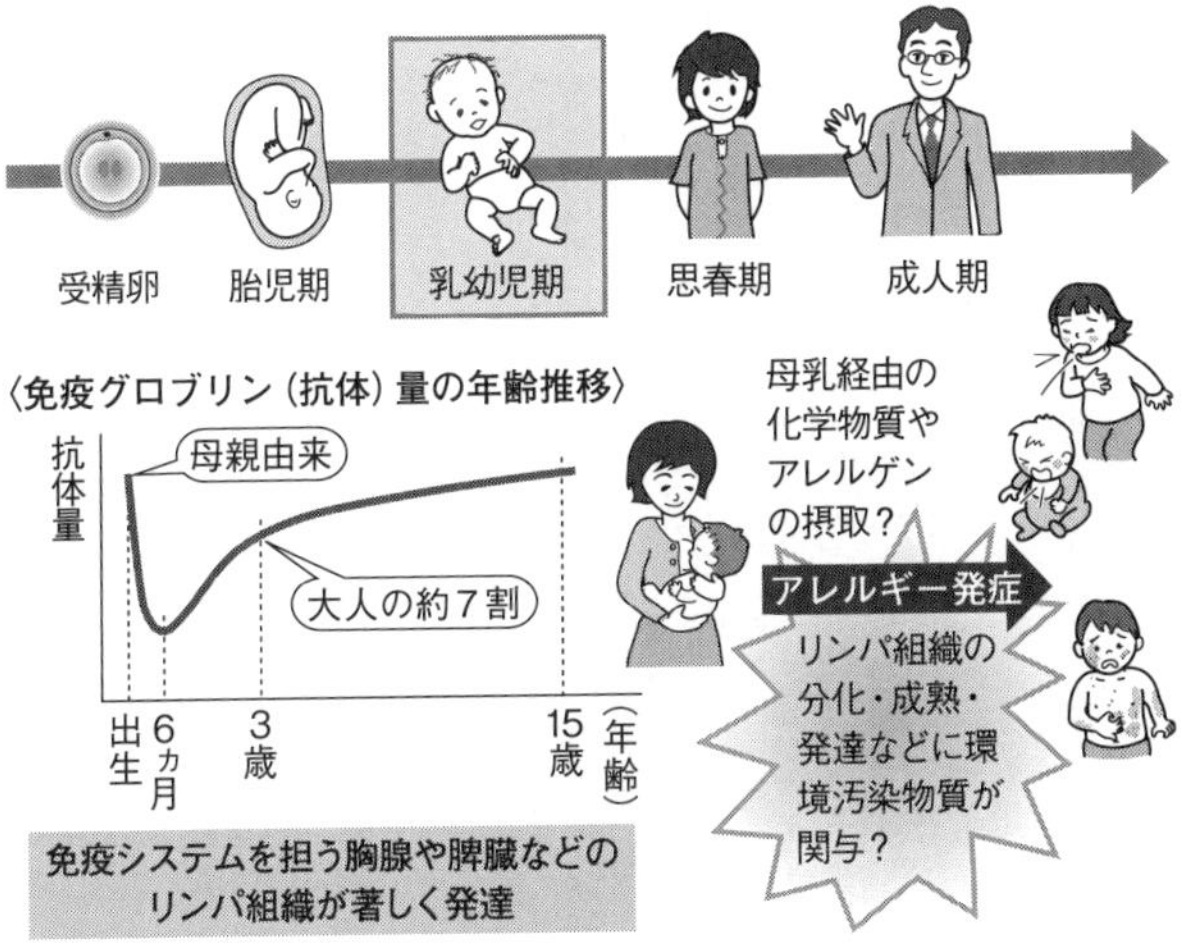

図7-9　免疫機能の発達時期と環境要因の関係

近年、「卵体期から始まり胎生期を経て乳児期までの分化・発育期における種々の環境因子が、成人期以降の健康や種々の疾病発症リスクに影響を及ぼす」（Developmental Origins of Health and Disease：DOHaD）という仮説が注目されています。私は、この環境因子には、さまざまな有害化学物質への曝露が含まれるのではないかと考えています。

そこで私たちは、その可能性を検証することを目的として、マウスを用いて免疫機能の発達時期と環境要因との関係について調べてみることにしました。具体的には、授乳期の母マウスに抗原と2,3,7,8-TCDDとを与えた場合に、母乳経由で移行する2,3,7,8-TCDDの仔マウスにあらわれる抗体の変動を調べてみました。※9

抗原として卵白アルブミンを使い、最初の4週間は、授乳期の母マウスに、卵白アルブミンと2,3,7,8-TCDD（100ng／kg）の混合溶液を毎日与えます。その後、2週間は通常飼育し、仔マウスが6週齢になったときから、卵白アルブミンのみを仔マウスに毎日与えます。

つまり、母マウスに2,3,7,8-TCDDを与えたのは、仔マウスが生まれてから最初の4週間のみであり、またこの時の仔マウスの曝露量は、母乳中の2,3,7,8-TCDD濃度や仔マウスの母乳摂取量が不明のため、正確にはわかりませんが、母マウスに与えた量よりも明らかに低濃度となります。

実験では、こちらを「乳仔期曝露群」と呼びます。比較のため「成獣期曝露群」として、ヒトの思春期から成人期に該当する6週齢の別のマウス（雌）には、卵白アルブミンと同濃度の2,3,7,8-TCDDの混合溶液を10週間にわたって毎日与えました。そのほか、2,3,7,8-TCDDを与えないマウス（対照群）も飼育し、いずれのマウスも、実験開始1週間後から週1回の頻度で血液を採取し、血清中のIgGとIgEの抗体価を測定しました。

その結果、2,3,7,8-TCDDの成獣期曝露群では、2,3,7,8-TCDD非投与の対照群と比較して、投与開始5週目よりIgG抗体産生が亢進《こうしん》する（高まる）ことが認められました。一方、非常に興味深いことに、乳仔期曝露群では、成獣期曝露群よりも2週間早い、3週目よりIgG抗体の産生が亢進されました。さらに、I型アレルギー発症に関与するIgE抗体産生は成獣期曝露群では

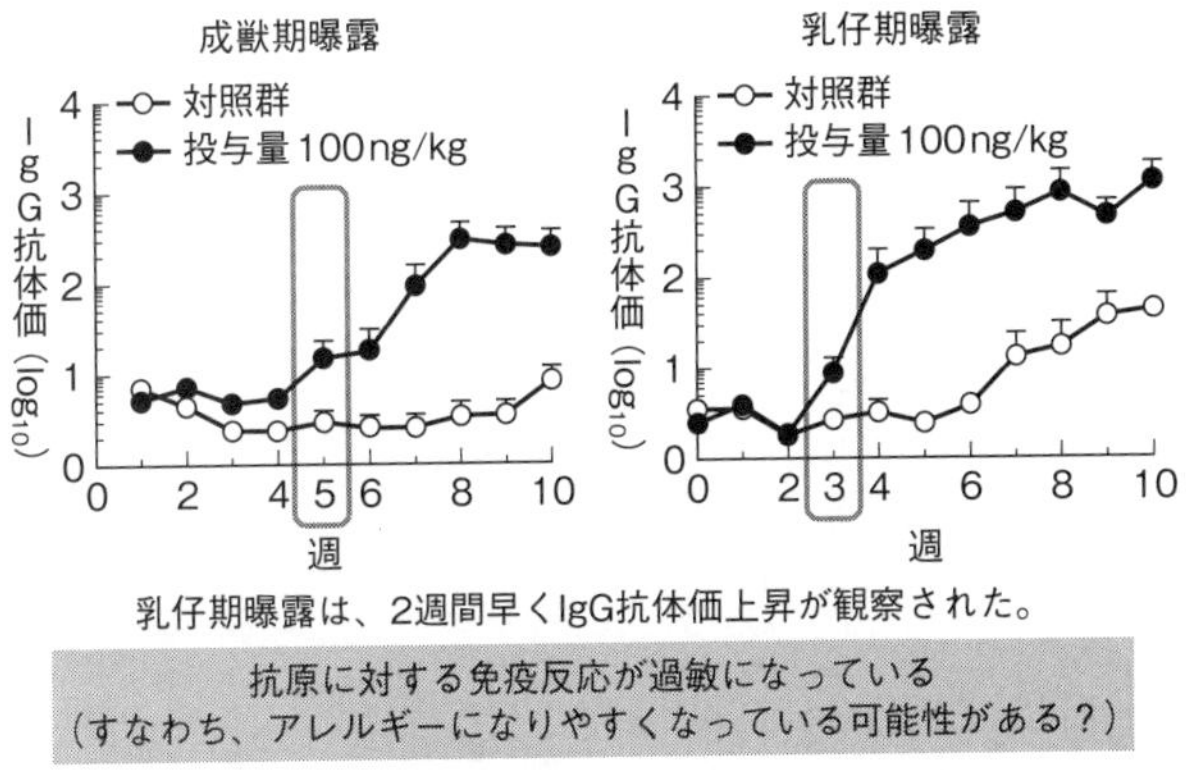

図7-10　授乳期の母マウスに抗原と2,3,7,8-TCDDとを与えた場合に、仔マウスにあらわれる抗体の変動を調べた実験結果

認められず、乳仔期曝露群でのみ観察されたのです（図7－10）。

この実験結果の解釈については現在検討中ですが、乳仔期に、2,3,7,8-TCDDに曝露した母マウスの母乳経由で仔マウスに曝露させることにより、免疫寛容（特定抗原に対する特異的な免疫反応の欠如あるいは抑制状態）が破綻しやすくなり、食物アレルゲンなどに対する免疫反応が非常に過敏となる可能性が示されました。

乳児期は、抗体産生能に関わる免疫システムを担う胸腺や脾《ひ》臓《ぞう》等のリンパ組織が著しく発達する時期でもあることから、この時期の化学物質の曝露が、リンパ組織の成熟・分化などに異常をきたし、その機能亢進などによって免疫性疾患の発症リスクを高める可能性があることが想定されます。

今後の環境毒性研究の方向性

絶えず新たな化学物質の開発と利用が続く現代社会においては、将来、局地的かつ重度な環境汚染が再び起きる可能性を完全には否定することができません。ただ、さまざまな環境政策の充実により、過去のダイオキシン汚染などのような広域の高濃度型の汚染が起こる可能性は低いと考えられます。

さらに環境汚染状況の改善に伴って、将来の食品やヒトの化学物質汚染レベルも、低濃度で抑えられることと予想されます。その一方で、いまだ病因が解明されていない疾患が多数報告されていることからも、医療現場などでは比較的軽視されがちな、環境汚染物質などを含めたさまざまな化学物質との因果関係について解明していくことが非常に重要だと私は考えています。

そのためには、新規および既知の環境汚染物質を対象とした、超低用量での毒性を評価する必要があります。これには従来の評価法とは全く異なる発想による、新たな高精度・高感度型の毒性評価法の確立とその導入が必須となります。

一例を挙げれば、前にも述べた卵体期から乳児期までの分化・発育期におけるさまざまな環境因子がヒトの体質変化をもたらすというＤＯＨａＤ仮説に基づいた毒性研究です。この時期の遺伝子発現部位を網羅的に解析するエピゲノム変化解析の導入は、病因解明のための強力なツールの一つとなります。

また、単一の化合物として見れば微量で健康に与える影響がない低レベルの濃度であっても、複数の化合物が相加的・相乗的な影響をもたらす可能性があるため、複数の有害化学物質に同時に曝露された時の影響について検討する必要があると考えています。

医薬品については、すでに多剤同時投与の潜在的な危険性が認識され、対策がとられつつあります。同様に、環境中の多種多様な化学物質の中には、それらの相互作用により毒性が増強あるいは減弱する物質のグループが、他にも存在することが十分に予測されます。複合曝露の問題は、従来の単一物質のみで評価していた毒性学の概念を、根底から覆す可能性も秘めているといえ、今後のさらなる研究推進が必要と考えます。

（太田壮一　摂南大学薬学部教授）

第8章

毒に強い動物と弱い動物
——解毒酵素を介した化学物質との攻防

毒性を持つ化学物質から身を守るためには

私たちの身の回りは、化学物質であふれています。化学物質は地球規模で広く拡散しており、今、地球上で、化学物質に汚染されていない地域はほぼ皆無といっても過言ではないでしょう。どこに住んでいても、私たちは化学物質にさらされることになります。環境汚染物質の存在する屋外だけではありません。部屋の中にいても、常に私たちの体の中には人工的な化学物質が侵入しています。食べ物を介して、飲み物を介して、呼吸を介して、いろいろな化学物質を私たちは取り込んでいます。もちろん、これらの化学物質にさらされているのは私たち人間だけではありません。動物もヒトと同じく、恒常的に化学物質にさらされ続けています。

それでは、常に体内に侵入するこれらの化学物質から、動物はどうやって身を守っているのでしょうか？　ウイルスなどの病原体が体の中に入ってきたときは、病気にならないよう、病原体を攻撃して身を守る免疫システムが働きます。それでは、化学物質が体の中に入ってきたときは、一体何が働いているのでしょうか？

嘔吐は最大の防御

化学物質から体を守るしくみには、いろいろなものがあります。化学物質を取り込む主要な経路は、飲食物を介した経口ルートです。そのため、一番手っ取り早いのは、食べた毒を吐き戻す行為でしょう。毒が体の中に入らなければ、体も病気になることはありません。でも実は、この「吐く」という行為、ヒトは普通に行うことができますが、体の構造上、ネズミやウマのように嘔吐《おうと》ができない動物もいます。このような動物は、毒性物質への対応能力が低いといえるかもしれません。

それでは、いったん飲み込んでしまった毒物はどうすればよいでしょうか？　次に考えられる防御機構は、「体の中に入れない」ようにする、です。飲み込んでしまったのに体の中に入れない、とはどういうことかといいますと、正確には「吸収」しなければよいのです。多くの化学物質は食べ物として体の中に入ってきたときに、小腸から吸収されます。このとき、吸収されないように、すなわち、化学物質が細胞表面から細胞の中に入らないように、さらには血管内に取り込まれないようにすればよいのです。

いったん食べ物や飲み物として飲み込んだ化学物質が、吸収されて血管内に入り込むまでには、幾重もの細胞膜を通過する必要があります。その際、化学物質の大きさ、脂溶性や水溶性、構造によって、自然に拡散するものや細胞膜のポンプを介して細胞に取り込まれたりするものなど、さまざまな過程を経ます。細胞膜は脂質でできていますから、通常、脂溶性の高い化学物質は取り込まれやすく、水溶性の高い物質は取り込まれにくいとされています。

動物の中には、消化管の働きを利用して解毒を行っている種もいます。コアラはユーカリを食べることで有名ですが、このユーカリ、実は毒性成分を多く含み、他の動物にとってはとても食べ物にはなりません。それでは、コアラはどうやって中毒を起こさずにユーカリを食べているのでしょうか？　その秘密は盲腸にあります。コアラは、食べたユーカリを長い時間をかけて盲腸で解毒しているのです。そのため、コアラの盲腸の長さは腸全体の20％を占めており、２mもあります。これは、哺乳類の中でも最長を誇ります。※1 生存競争の戦略上、他の動物が食べないユーカリを主食にしているコアラですが、残念なことに、ユーカリは非常に栄養が低いため、コアラは素早く動くこともままなりません。コアラは栄養があまりとれないので疲れやすいのか、睡眠時間も哺乳類最長です。ある意味、コアラは自分の人生のほとんどを解毒に費やしているともいえます。

他にも消化管を介して、化学物質に強くなった動物がいます。反芻《はんすう》動物です。ウシが食べ物もないのに口をもごもごしているのを見たことがありますか？　これは、一度飲み込んだ食物を胃から再び口の中に戻してかんでいるのです。これを反芻といいます。反芻動物は、胃を4つも持っています。ここで解毒に活躍しているのは第一胃です。第一胃には微生物が豊富に存在し、食べ物の消化を助けていますが、その過程で毒性のある化学物質を分解することがあります。

それでは、反芻動物はどんな毒に強いのでしょうか？　食べ物によく発生する毒として、カビ毒があります。カビは、その生存戦略のために他の動物にとって毒性を示すさまざまな化学物質を産生しており、これがいわゆる「カビ毒」です。世界に流通する穀物などの食品の一部はカビ毒で汚染されていることが警告されていますが、途上国においては50％もの確率でカビ毒による食品汚染が検出されるなど、先進国に比べると非常に高いこともわかっています。このカビ毒、もちろんヒトの食べ物だけではなく、飼育動物や野生動物が食する餌にも発生しています。そして鳥類は、一般にこのカビ毒に対する感受性が高いといわれていますが、反芻動物はこのカビ毒に比較的抵抗性を持っています。[※2]その理由が、第一胃の微生物叢《そう》（微生物の集団）によるカビ毒の分解です。微生物叢は細菌など微生物の集合体です。最近では「マイクロバイオーム」とも呼ばれ、さまざまな役割を担っているのですが、そのお話は別の機会に譲りましょう。

化学物質に壁を越えさせない

それでは、食べ物や飲み物を介して取り込んでしまった有害な化学物質が、もしも消化管から吸収されてしまったら、私たちヒトや動物の体は、どうやってこれらの化学物質から身を守るのでしょうか？　実は、ここでも防御機構が働きます。

私たちヒトを含む高等動物は、血管から各臓器に化学物質が入らないような巧妙なしくみを持っています。化学物質は、血管壁の小さな穴に入り込むことにより、体内に自然に拡散してしまうケースがあります。これを防いでくれるのが、特定の化学物質と結びつく「結合タンパク質」です。

血液中に存在するさまざまなタンパク質の中には、化学物質を運搬する役割を担っているものがあります。化学物質には、タンパク質に結合しやすいものと離れやすいものがありますが、離れやすい化学物質は血管から細胞の中に取り込まれやすく、各臓器内に運ばれることになります。

化学物質と結合する力が弱いタンパク質は、栄養素など、体に重要な化学物質を各臓器に運ぶ分には都合が良いのですが、毒性の高い化学物質の場合には好ましいものではありません。反対に、化学物質と結合する力が強いタンパク質は、栄養物の効率的な運搬には向いていませんが、有害な化学物質を細胞に配達する能力も低くなります。つまり、強力な結合力のあるタンパク質は重要な生体防御機構の一つとなります。実際に、大きな結合タンパク質に結合している化学物質は、ほとんどの場合、血管壁にある小さな穴を通ることができません。

また、化学物質の中には、細胞膜に発現している、トランスポーターと呼ばれるタンパク質を介して取り込まれるものがあります。トランスポーターとは文字通り、物質の輸送をするタンパク質の総称で、化学物質を細胞内外に移動させます。

トランスポーターは、化学物質の取り込みにおいても活躍しますが、細胞から危険な化学物質を外に追い出す「汲み出しポンプ」の役割も担っています。トランスポーターがたくさんあると、トランスポーターと相性の良い化学物質が次々に外に追い出され、結果的に細胞の中に取り込まれにくくなる場合があります。

一部の抗がん剤は、繰り返し使用するとトランスポーターの量を増やすことが知られています。そのため、抗がん剤が細胞に取り込まれにくくなり、かえって抗がん剤が効かなくなる原因にもなっています。

脳には、化学物質が簡単には入り込まないようになっています。脳にいきわたっている血管の細胞は、細胞どうしがぎゅっと密着して化学物質が通りにくくなっているほか、細胞にトランスポーターが発現し、入ってくる化学物質をすぐに外に追い出しています。これを血液−脳関門と呼んでいます。

2015年にノーベル生理学・医学賞を受賞した大村智氏が開発したイベルメクチンという化学物質は、動物の寄生虫を駆除するための薬として使用されていますが、この物質は、通常であれば血液-脳関門を通過しません。ところが、血液-脳関門に発現しているトランスポーターに変異が入ってしまい、正しく発現していない動物、例えばイヌのコリー犬種では、イベルメクチンがトランスポーターによる防御をかいくぐってしまいます。その結果、イベルメクチンが脳まで到達してしまい、中毒を引き起こしやすいといわれています。

生体防御の最後の砦

それでは、もしも数々の防御をかいくぐって、それでも化学物質が血液から細胞の中に入ってしまった場合、私たちヒトを含めた動物の体はどうやって身を守るのでしょうか？　ここで登場するのが最後の砦《とりで》、「解毒酵素」です。解毒酵素は、細胞内に入ってしまった化学物質を「尿」として体外に排出しやすくする役目を担います。具体的には、化学物質の構造を変えてしまうのです。細胞膜は脂質でできているため、脂溶性の高い化学物質は細胞内に分布しやすく、水溶性の高い化学物質は尿として体の外に出ていきやすくなります。そのため、解毒酵素は化学物質の水溶性を増すための働きをしているのです。

それでは、動物はどのような解毒酵素を持っているのでしょうか？　化学物質を解毒する重要

	代表的な酵素	主な反応
第Ⅰ相反応	エポキシヒドロラーゼ	加水分解
	DT-ジアホラーゼ、NADPH-P450還元酵素、シトクロムP450	還元
	アルコール脱水素酵素、アルデヒド脱水素酵素、モノアミン酸化酵素、フラビンモノオキシゲナーゼ	酸化
第Ⅱ相反応	グルクロン酸転移酵素、グリシン転移酵素、グルタチオン転移酵素、硫酸転移酵素	補酵素を利用した抱合
	N-アセチルトランスフェラーゼ、カテコール-O-メチルトランスフェラーゼ	アセチル化、メチル化

図8-1　主な解毒酵素とその酵素反応

な臓器は、肝臓です。肝臓では、いろいろな解毒酵素が発現しています。そのため食べ物から吸収された化学物質は最初に肝臓に運ばれます。化学物質の代謝は、第Ⅰ相反応と第Ⅱ相反応に分けることができます。

第Ⅰ相反応は、水酸化や酸化、加水分解などが挙げられます。例えば、お酒を飲んだ時にアルコールを代謝するのはアルコール脱水素酵素、そこからできた毒性の高いアセトアルデヒドを解毒するのはアルデヒド脱水素酵素ですが、これらはいずれも第Ⅰ相反応に分類されています（図8-1）。

第Ⅱ相反応は、第Ⅰ相反応でできた代謝物をさらに水溶性の高い物質に変えるものです。それでは、どうすればより水溶性を増すことができるのでしょうか？　最もシンプルな方法は「水に溶けやすいものをくっつけてしまう」ことでしょう。第Ⅱ相反応では、第Ⅰ相反応ででききた水酸基などを足掛かりにして、糖やペプチド、硫酸など、水に溶けやすいものを化学物質にくっつけます。

もう少し、詳しく見ていきましょう。第Ⅰ相反応で主役となるのは「シトクロムＰ４５０」という酵素による一酸素添加反応です。臨床で使われている薬の多くは、このシトクロムＰ４５０によって代謝を受けます。シトクロムＰ４５０は、体の中に入ってくる化学物質から身を守る第一の防壁といっても過言ではありません。

しかし、シトクロムＰ４５０による代謝だけでは、水溶性が足りなくて尿まで出ていかない化学物質もあります。そこで活躍するのが、第Ⅱ相反応のグルクロン酸転移酵素や硫酸転移酵素、グルタチオン転移酵素です。グルクロン酸転移酵素は糖を、硫酸転移酵素は硫黄の含まれるスルフリル基を、グルタチオン転移酵素は３つのアミノ酸からなるペプチドであるグルタチオンを結合させます。これらの酵素は肝臓に多く発現しており、血液から運ばれた化学物質を次々に代謝し、尿を介して体の外に排泄しやすい形にします。もちろん、これらの酵素が発現している臓器は肝臓だけではありません。ほぼ全身の臓器に、これらの酵素は発現しています。

例えば、肺です。私たちは、呼吸を介して空気中の化学物質を取り込んでいます。当然、肺にもこれらの酵素が発現し、黙々と化学物質の代謝に勤《いそ》しんでいます。また、鼻粘膜にも代謝酵素は発現しており、呼吸を介して取り込まれた化学物質を代謝しています。

それでは、私たちの体の中で最も大きな臓器はどこかご存知でしょうか？　答えは皮膚です。

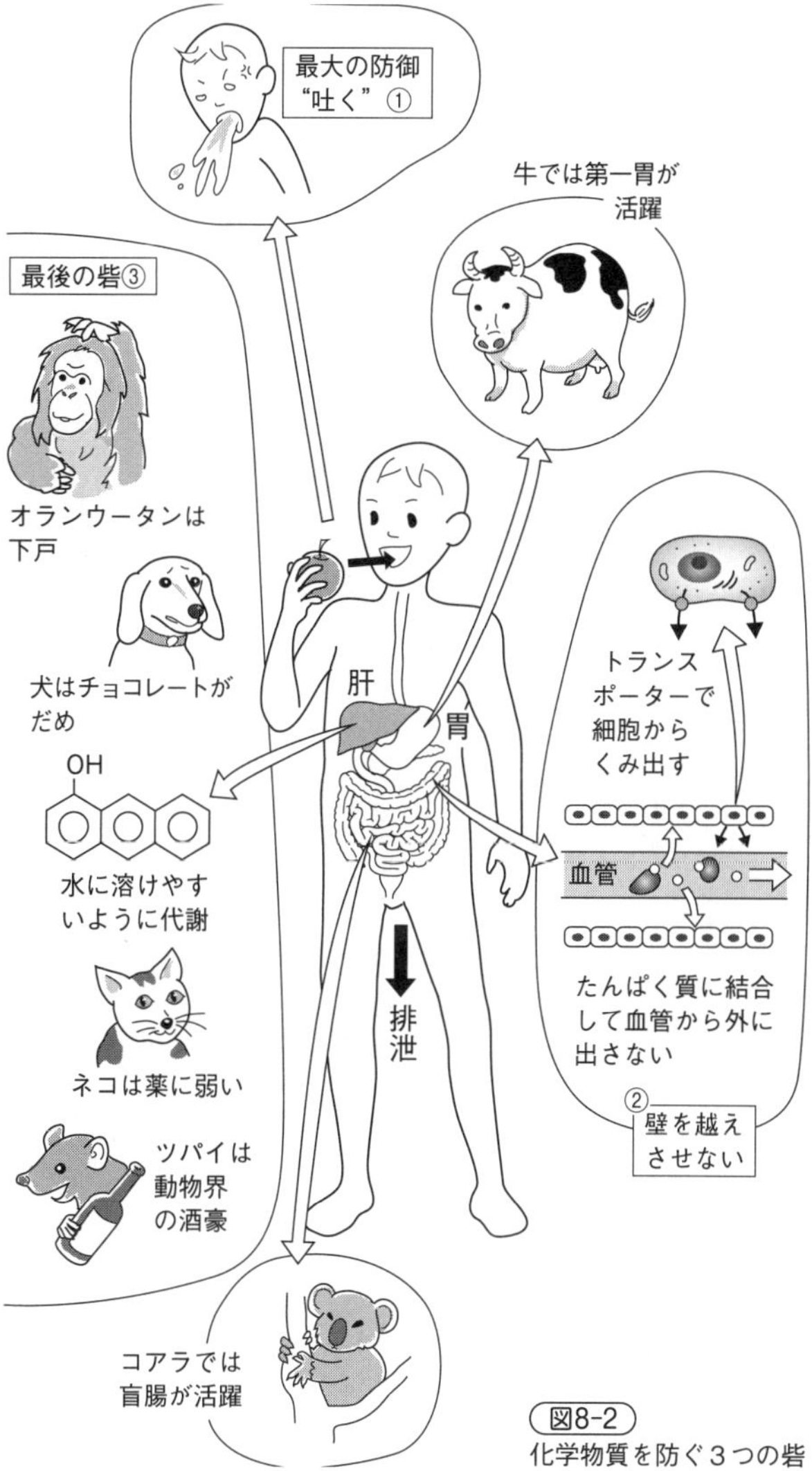

図8-2
化学物質を防ぐ3つの砦

皮膚は、実は体重の1割以上をしめる大切な臓器なのです。この皮膚にも、シトクロムP450をはじめとする代謝酵素が発現しています。ちなみに哺乳類の場合、皮膚を通過する化学物質は限られていますが、両生類などはその皮膚の構造上、化学物質を取り込みやすくなっています。

化学物質への適応戦略で活躍する酵素

以上のように、化学物質に対する防御機構の最後の砦として、解毒酵素が活躍しています。それでは、これらの解毒酵素は、最初から環境中の化学物質に対する防御機構として進化・発達してきたのでしょうか？　いえ、そうではありません。シトクロムP450をはじめとして、動物が持つ解毒酵素は、環境中の汚染物質というよりは、むしろ毎日食べている食べ物に含まれる化学物質を代謝するために適応してきたと考えられています。

そもそも、毎日食べている食べ物には、動物にとって害となる化学物質が必ず含まれています。意外に思われるかもしれませんが、無農薬の果物や野菜にも、動物にとって毒となる化学物質が含まれています。植物は、生理活性物質を用いて花を咲かせ、実を熟します。季節、すなわち周囲の環境変化に合わせて、葉を枯らせたり、花を咲かせたり、実を熟して枝から落としたり、といった植物の生活サイクルは、生理活性物質、すなわち化学物質を使って制御されています。中には、昆虫から葉を守るために忌避《きひ》物質を生合成することもあります。実は、これら植物が自ら作っている化学物質は、時には動物にとって有害となるのです。

ポリフェノールやカテキンなど、体に良いとされる植物由来の化学物質も、摂りすぎれば毒になります。みなさんが普段食べているチョコレートやコーヒーにも、植物由来のカフェインやポリフェノールが含まれます。食事を介して摂取したこれらの植物由来の化学物質を速やかに代謝し、体内で過剰にならないようにするのも、シトクロムP450や第Ⅱ相抱合酵素の役割です。

それでは、植物を摂食しない肉食動物は解毒酵素を持たないのでしょうか？　実はシトクロムP450や第Ⅱ相抱合酵素は、外来からの化学物質を解毒し、体外に排泄しやすくする以外に、もう一つ重要な働きがあります。それは、生理活性物質を生合成し、役割を終えた後や濃度が高すぎる場合に、それを代謝して体外に排泄させて調節する働きです。「解毒」といっても化学物質が代謝されて直接的な毒性を失うだけではなく、代謝されることで速やかに排泄されることもあります。実は後者のほうが主だった解毒の効果になります。

例えば、一部のビタミン類やステロイドホルモンは、シトクロムP450によって生合成されます。先に述べた植物の生理活性物質、実はこれもシトクロムP450が作っています。ですので、解毒酵素は生理活性物質の生合成酵素でもあるわけです。

したがって、すべての動物がこれらの酵素を持っています。動物どころか、植物や細菌など、シトクロムP450は多くの生物相で利用されています。

シトクロムＰ４５０や第Ⅱ相抱合酵素は、１つの酵素ではありません。同じシトクロムＰ４５０でも、分子種といわれるアミノ酸の配列が異なる数多くの酵素が存在しています。アミノ酸の配列の違いにより、代謝する化学物質の種類（構造）が異なるのです。シトクロムＰ４５０は、代謝する化学物質を取り込むための空間（ポケット）を形成しますが、そのポケットの形は分子種によって異なります。生物はこうして、多種多様の化学物質を代謝できるように進化してきたのです。

解毒酵素の種差

さて、実はこの代謝酵素には、種差があります。例えば、ヒトはチョコレートを食べても中毒になることはほぼありません。チョコレートには植物由来のさまざまな化学物質が含まれているのですが、ヒトは、これらの化学物質を代謝できるので中毒にはなりません。ところが、イヌは、チョコレートに含まれるテオブロミンという化学物質を代謝する能力が非常に低いため、食べ過ぎると中毒症状を起こします。具体的には、ヒトがチョコレートを食べた時の血液中のテオブロミン濃度は２～３時間で半分になりますが、イヌでは半分の濃度になるのに18時間もかかることがわかっています。[※3]これも解毒能力、すなわち代謝能力の種差によるものです。

化学物質の感受性の種差は、この解毒酵素の種差に起因するところが大きく、多くの場合、動物の持つ代謝能力は、その食性や必要な生理活性物質に適応して進化してきたと考えられていま す。草食動物と肉食動物を比べた時に、より毒性の高い植物を多く摂食しているのは草食動物で すが、それでは、毒性の化学物質を代謝する能力に差はないのでしょうか？

肉食動物であるネコは、薬を代謝する能力が低いために、薬による中毒を起こしやすいといわれています。これは、ネコの祖先となる動物のグルクロン酸転移酵素の遺伝子上に変異が入ってしまい、一部の分子種がうまく機能していないことが原因です。ネコだけではなく、ネコ科の動物であるライオン、ハイエナ、チーターなどもこの酵素がうまく働かないことが報告されています。[※4] しかし、ネコは肉食動物です。機能しないグルクロン酸転移酵素の分子種は、ネコの進化上、なくても差し支えなかったのでしょう。同様に「純粋な」肉食動物であるアザラシも、実は一部の種で、このグルクロン酸転移酵素が働かなくなってしまっていることもわかってきました。[※5]

これに対して、草食動物や雑食動物では、グルクロン酸転移酵素が正常に機能し、植物に含まれるポリフェノールなどを代謝しています。特に草食動物では、一般的にグルクロン酸転移酵素活性が高いことも報告されています。ちなみにイヌは肉食動物と思われがちですが、食性的には雑食動物でもあります。そんなイヌでは、グルクロン酸転移酵素は正常に機能していることもわかっています。

図8-3 下戸のオランウータン（左）と哺乳類最強の酒豪ツパイ（右）
（右）写真提供：アフロ

動物種差が起きるのはグルクロン酸転移酵素にとどまりません。例えばイヌでは、アセチル基転移酵素の一部の分子種が機能しなくなっていますし、ハリネズミでは、硫酸転移酵素の一部の分子種の働きが弱いことが最近の研究で報告されました。※6 進化の過程において、これらの酵素があまり働かなくても生存に影響がなかったと思われます。

このような代謝酵素の動物種差は、化学物質感受性の動物種差を生み出します。みなさんは、お酒に強い動物と弱い動物をご存知でしょうか？　哺乳類限定ですが、動物界の酒豪はおそらくツパイです。彼らはある花の蜜を主食としていますが、これにはアルコールが含まれています。これをヒトの大きさに換算にすると、ツパイは毎日ビール大瓶（アルコール分5％で計算）7～8本を飲んでいる計算になるとされています。

それでは、お酒の飲めない動物界の下戸は誰でしょうか？　実は、それはオランウータンです。彼らはアルコール代謝酵素に変異が入ってしまっており、アルコールを無害な二酸化炭素と水まで分解できないことがわかっています。

動物にお酒なんて……と思われる方もいらっしゃるかもしれませんが、アルコールを代謝解毒する能力は、生体の恒常性に重要なものなのです。実はアルコールやアルデヒドは、私たちヒトや動物の体の中でも常時存在し、恒常的に代謝・解毒されているのです。

一方、植物にもアルコール類が多かれ少なかれ含まれています。アフリカでは、このアルコール成分を濃厚に含む種があります。マルーラと呼ばれる果実は、熟して自然発酵すると大量のアルコール分を含むようになり、これを食べた動物は「酔っぱらう」ことも報告されています。

解毒酵素の効き目には個体差がある

ところで、お酒といえば、種差に加えて、個体差があります。ヒトには、お酒に強い人と弱い人がいるのはご存知の通りです。特に日本人では、この傾向が顕著です。同じ動物種であるホモサピエンスなのに、この個人差はどうして生まれているのでしょうか?

先に述べた通り、お酒を代謝・解毒するのはアルコール脱水素酵素とアルデヒド脱水素酵素です。このうち、アルデヒド脱水素酵素は、お酒を飲みすぎた時に気分が悪くなる原因化学物質であるアセトアルデヒド（アルコールの代謝産物）を解毒します。

タイプ	アルコール脱水素酵素の活性	アルデヒド脱水素酵素の活性	アルコールへの感受性
酒豪	高い	高い	アルコールもアルデヒドもすぐ分解
二日酔い	高い	低い	二日酔いになりやすい
酒乱	低い	高い	気分よく飲めて二日酔いも少ない、アルコール濃度は高くなるのでいつのまにか記憶を失いやすい
下戸	低い	低い	本当に飲めない、たしなむ程度にとどめましょう

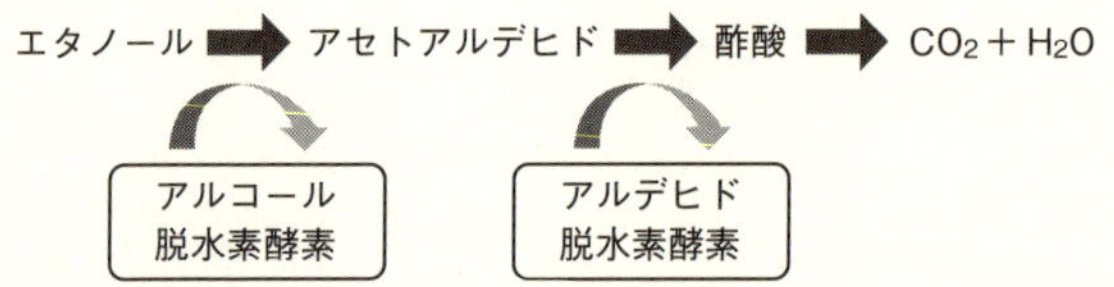

図8-4 酒の酔い方は、アルコール脱水素酵素とアルデヒド脱水素酵素の活性によって大きく変わってくる

実は、日本人の半分の人は、このアルデヒド脱水素酵素の能力が半分しかありません（図8‐4）。数%の人は遺伝子に変異が入り、このアルデヒド脱水素酵素が全く働かない酵素に変化してしまっています。これがお酒が強い人と弱い人を作っている原因になっています。同様に、多くの場合、薬の効きやすい人、効きにくい人も代謝酵素の個体差によって決まります。

殺虫剤への耐性

動物の個人差・個体差として、一番わかりやすいのは昆虫の例でしょう。害虫駆除に用いられる農薬では、同じ種類の殺虫剤を使い続けていると、同じ昆虫の種でも、一部の個体が殺虫剤に対して耐性を持つことがあります。昆虫ももちろんシトクロムP450をはじめとする代謝酵素を持っており、そもそも昆虫が卵から孵化《ふか》して幼虫として成長し、さなぎになり、羽化する一連のサイクルも化学物質によって調節されています。これらの変態を調節しているホルモンを生合成しているのも、シトクロムP450なのです。昆虫が農薬に対して耐性を獲得するメカニズムはさまざまですが、殺虫剤を使い続けるうちに解毒排泄するシトクロムP450の量が増え、その結果、散布した殺虫剤を次々に代謝して体の外に追い出してしまうために、殺虫剤が効きにくくなっているという例も多く報告されています。

殺虫剤の中でも古くから用いられてきたDDTは、環境保全の観点から生産と使用がほとんどの国で禁止されました。今では、ストックホルム条約の対象物質にもなっています。しかし、2006年以降マラリアコントロールのために、アフリカなど一部の地域ではこのDDTの再使用が進められており、部屋の壁にDDTを散布する方法がとられています。そのため、再びDDTの汚染の可能性も高まっています。DDTは、殺虫剤の中では比較的耐性が獲得しにくいといわれてきました。しかし繰り返しDDTを使用した結果、アフリカの一部の地域では、シトクロムP450の変異も含め、DDTに対する耐性を持つ昆虫も出現しています。

PCBへの耐性

昆虫は寿命が短いので、殺虫剤に耐性のあるシトクロムP450など解毒酵素の遺伝子を持った個体が生き延び、その数が増えていくことは十分に理解できることでしょう。それでは、寿命の長い脊椎動物ではどうでしょうか？

シトクロムP450や第Ⅱ相抱合酵素の発現を調節している分子に、アリルハイドロカーボン受容体があります。別名ダイオキシン受容体ともいわれている転写調節因子です。アメリカのハドソン川では、河口上流域で大量のポリ塩化ビフェニル（PCB）が流出しましたが、この流域に生息する魚のアトランティックトムコッドは、体内に高濃度のPCBを蓄積していました。その濃度は、通常では魚が生存できないほどの高い値でした。

PCBの中でもダイオキシン類に分類されるダイオキシン様PCBは、ダイオキシン受容体と結合してさまざまな生体反応を引き起こします。大量にPCBを蓄積していたこれらのトムコッド個体群の遺伝子を調べてみたところ、ダイオキシン受容体に変異が入り、「鈍い」受容体に変化していることがわかりました。[※7] つまり、高濃度のPCB汚染環境下でも、容易には体に毒性反応を起こさないように変化していたのです。

ストックホルム条約で規制されている脂溶性が高い残留性有機汚染物質も、シトクロムP450やグルクロン酸転移酵素などで代謝を受けます。たとえばハロゲン基は、シトクロムP450

によって脱ハロゲン化され、少しずつ水溶性を増して、生体外へ排出されます。しかしＰＣＢの場合は、代謝によって塩素が水酸基に置換されると水溶性が増すものの、あまりに多くの塩素を持つＰＣＢ（例えば10個の塩素がついたもの）は、なかなか代謝されません。シトクロムＰ４５０も代謝が得意な化学物質と不得意な化学物質があり、万能ではないのです。

殺鼠剤への抵抗性

魚ではＰＣＢに強くなった個体群の例がありますが、私たちヒトと同じ哺乳類では汚染した環境への適応変化は起こらないのでしょうか？　もちろん、哺乳類でも環境化学物質に対して抵抗性を獲得したケースがあります。それは、ネズミの駆除に使う殺鼠剤です。

みなさんは、関東近郊のネズミの８割が殺鼠剤に抵抗性を持っていることをご存知でしょうか？　実は、この抵抗性獲得の原因の一つは、シトクロムＰ４５０の代謝能力の向上によるものと考えられます。今、世界中で最も多く用いられている殺鼠剤はワルファリンに代表される抗血液凝固系の殺鼠剤です。この殺鼠剤は、ビタミンKを枯渇させることで血液凝固因子を働かなくさせます。そのためネズミが出血死するわけですが、間違ってヒトや他の動物が殺鼠剤を誤飲した場合でも、ビタミンKを与えることで救出することができます。このように、取り扱いが他の殺鼠剤に比べると安全なため、抗血液凝固系の殺鼠剤は世界中で使用されています。

余談ですが、殺鼠剤のワルファリンは、抗血栓薬として用いられるワーファリンといわれる薬と同じものです。もともとは殺鼠剤、つまり農薬として開発されたものが、医薬品として転用されるようになったものです。

このワルファリンを代表とする抗血液凝固系の殺鼠剤ですが、標的としている酵素はビタミンKを代謝するビタミンKエポキシド還元酵素（ＶＫＯＲ）です。ワルファリン類は、ＶＫＯＲに結合してその働きを邪魔し、ビタミンKが体内で利用できないようにしてしまうのです。欧州で殺鼠剤に抵抗性を持つネズミでは、このＶＫＯＲのアミノ酸の配列が変化して、ワルファリンが効きにくくなっていることが報告されています。日本でも、ＶＫＯＲの変異が見つかっており、一定程度の殺鼠剤抵抗性の獲得に貢献しています。しかし、欧州型の変異に比べれば、日本型の変異は、それほど強いものではありませんでした。ワルファリンによるＶＫＯＲ阻害への抵抗性は限定的だったのです。

日本では、欧州のネズミと異なり、ＶＫＯＲの変異だけではなく、もう一つ、解毒酵素が非常によく働くように変異していることもわかりました。ワルファリン類はシトクロムＰ４５０によって代謝され、グルクロン酸転移酵素によって水溶性を増して、尿に排泄されます。

殺鼠剤に抵抗性を持つネズミでは、抵抗性を持たないネズミに比べて尿中への殺鼠剤の排泄速度が速く、シトクロムＰ４５０による代謝能力が非常に高いことがわかりました。[※8]また、殺鼠剤

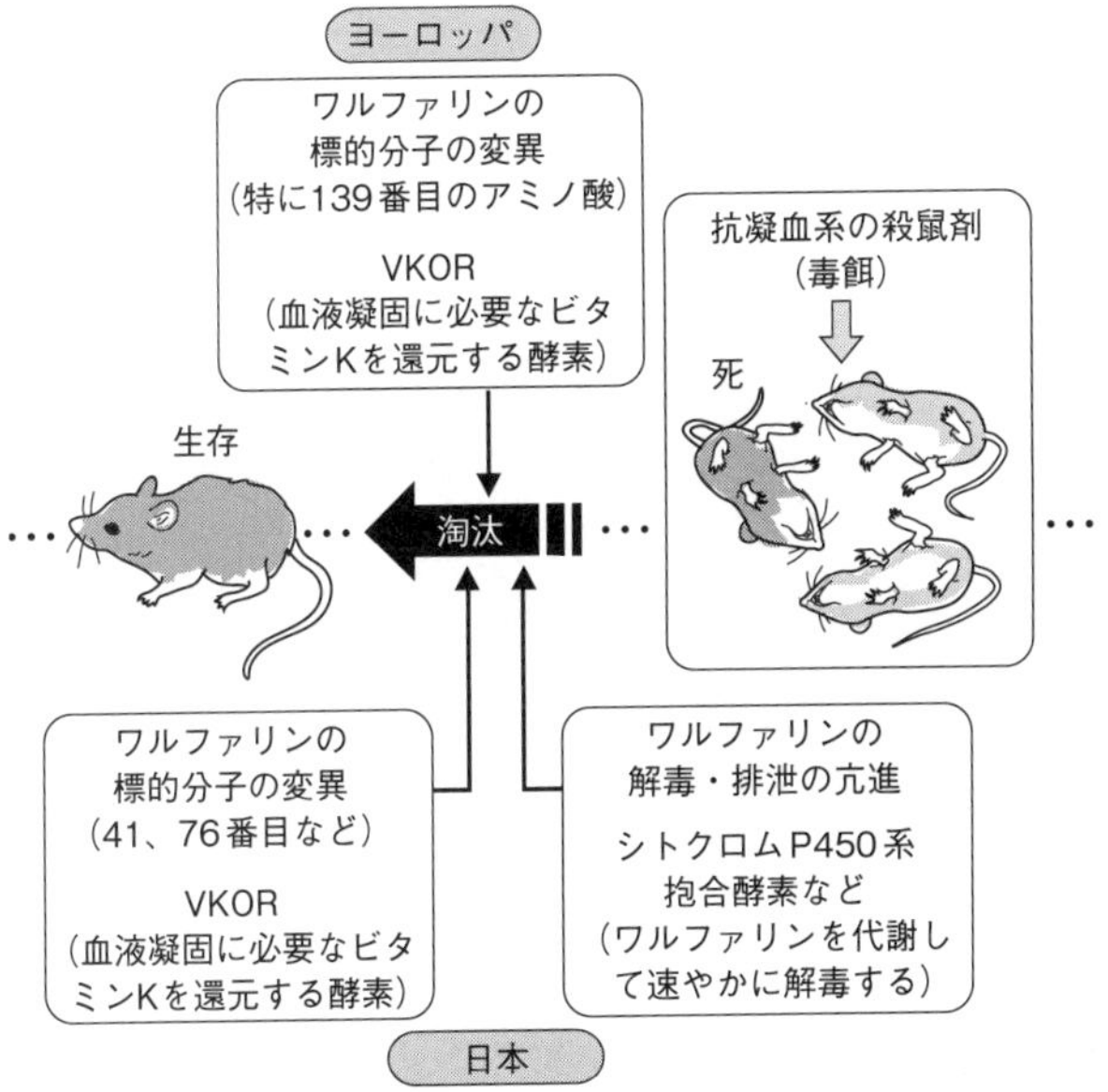

図8-5　抗血液凝固系の殺鼠剤ワルファリンに抵抗性を獲得したネズミが、欧州と日本で誕生している

に抵抗性を持つネズミに、シトクロムP450を阻害する薬を殺鼠剤と一緒に与えると、殺鼠剤で死んでしまうこともわかりました[※9]。哺乳類がシトクロムP450の変化で環境化学物質に対して抵抗性を獲得し、化学物質の汚染環境下に適応していることがわかった非常に興味深い例です（図8-5）。

ちなみにこの殺鼠剤抵抗性の個体の中で、欧州型の変異を持つ個体群は日本型の変異個体に比べても非常に抵抗性が強く、第一世代であるワルファリン類はもちろん、抵抗性個体をターゲットとして開発された第二世代殺鼠剤に対してもすでに抵抗性を獲得していることが報告されています。

ネズミは、船便などに乗って世界中に渡り、外来生物としてその生息域を広げたといわれています。それでは、欧州型の変異を持つネズミが日本に入ってくることはあるのでしょうか？　日本では、第二世代殺鼠剤の使用には厳しい制限があります。欧州型のネズミが日本に侵入して広がってしまうと、日本の法律の中では対応ができない状況です。全国のクマネズミ、ドブネズミを400匹ほど調べた結果では、この欧州型のネズミは、まだ日本には入ってきていません。全国で10種類くらいのネズミに変異が起こっていることがわかっていますが、この中には、欧州型のネズミのように非常に強力にワルファリンに抵抗性を持つ変異はありませんでした。

しかし、実は欧州型の変異を持つネズミはアジアまで入ってきています。お隣中国では2010年代に欧州型の抵抗性を持つ個体が発見されました。近年、外来生物の侵入の問題が取りざたされていますが、欧州型の抵抗性を持つネズミも、日本に侵入する可能性はゼロではない状況です。

殺鼠剤感受性の違いがもたらしていること

ネズミは、さまざまな病原体を媒介します。そのため通常は、公衆衛生の観点からネズミの駆除のために殺鼠剤が全国各地で使われています。

しかし、実は殺鼠剤は、それ以外の目的でも使用されています。ネズミは外来生物で、かつ雑食性の動物です。そのため、もともとその地域に生息していた小動物を捕食し、時には生態系のバランスを崩してしまうことがあります。これを防ぐために、外来生物の駆除を目的として殺鼠剤が用いられることがあります。

ニュージーランドでは、島に侵入し、増えてしまったドブネズミが希少種の動物を捕食してしまうことが問題となり、その駆除のために殺鼠剤が用いられました。その駆除に成功すると、現在では、外来生物駆除のためにも殺鼠剤が散布されるようになり、このような使用目的も決して珍しいケースではなくなりました。

日本でも、生態系保全のために殺鼠剤が散布されることがあります。小笠原諸島は世界遺産に登録されましたが、その際に問題となったのは、外来生物でした。小笠原諸島にはクマネズミが生息しています。その駆除のため、小笠原諸島では一部の島で殺鼠剤によるネズミの生息数のコントロールが行われています。北海道のユルリ島・モユルリ島でも、ドブネズミの駆除のために殺鼠剤が散布されました。

殺鼠剤はその名の通り、ネズミを駆除するために使用されます。しかし、他の動物には効かないのでしょうか？　動物の化学物質に対する強さを示す指標にＬＤ50（半数致死量）というものがあります。これは、投与すると半分の動物が死んでしまう濃度のことです。ＬＤ50値がわかっている動物間で比較すると、確かにネズミは殺鼠剤に対して感受性が高い種だといえます。

一方、ニワトリやウズラの実験で得られたＬＤ50値は、ネズミの数百倍から数千倍の値を示し、鳥類は殺鼠剤に強いと考えられてきました。しかし今、殺鼠剤の散布による非標的種への影響が一部懸念されています。世界に棲息する猛禽《もうきん》類の生息数減少の一因は、殺鼠剤である、というショッキングなニュースが２０１０年代に報告されました。[※10] 先に記載したニュージーランドのケースでは、かなり毒性の強い第二世代殺鼠剤を使用しており、ドブネズミの撲滅には成功したものの、一時的に８割の鳥類が死亡したことも報告されています。[※11]

ＬＤ50値からすると鳥類は殺鼠剤に強いはずなのに、何故このようなことが起こったのでしょうか？　ここで問題となるのが、鳥類間の種差になります。鳥類の実験動物としてニワトリやウズラがよく扱われていますが、動物の進化の過程から考えると、これらはごく一部の鳥類を代表しているにすぎないのです。例えばニワトリのシトクロムＰ４５０を調べてみると、他の鳥類に比べて殺鼠剤を代謝する能力が格段に高い一方で、鳥類の中でも猛禽類では、この能力が低いこともわかってきました。殺鼠剤が標的としているＶＫＯＲも、ニワトリは殺鼠剤が阻害しにくいタンパク質の構造をしていますが、他の鳥類ではネズミと同じくらい感受性が高い種もいることもわかっています。[※12]

このような、殺鼠剤に対する感受性のほか、特に猛禽類は殺鼠剤に曝露された瀕死の小動物を捕食することもあり、殺鼠剤の被害が他の鳥類種に比べて多く起こってしまったと考えられます。しかも、海外で散布された第二世代殺鼠剤は非常に毒性が強いため、種差を生じずにどの動物種に対しても毒性を持ちます。幸い日本では、野外では感受性の種差の比較的大きな第一世代殺鼠剤を用いており、今のところ、非標的種の被害は報告されていません。非標的種の殺鼠剤の感受性についても、今、調べられているところです。

正義の味方、でも時々悪役

ここまで、解毒酵素の良い話だけをしてきました。しかしながら、当然、これらの酵素は「この化学物質は悪い化学物質だから代謝しよう」などと考えて働いているわけではありません。その酵素が持つ「ポケット」にうまく入り込んだ化学物質を無差別に代謝するのです。実は化学物質の中には、解毒酵素により代謝を受けることで、もともとの形よりも毒性の強い形に変換されてしまうものもあります。これを「代謝的活性化」と呼んでいます。

特に第Ｉ相反応の主役ともいえるシトクロムＰ４５０は、代謝的活性化によりいろいろな化学物質を生体分子に作用しやすいアクティブな化学物質に変換してしまいます。薬の場合にはそれを見越して、代謝されて初めて薬効を示す薬として開発されるケースもありますが、環境化学物質の場合、シトクロムＰ４５０によって毒性のなかったものが毒性のあるものに変わってしまいます。

典型的なのは、発がん物質でしょう。発がん物質は、私たちの身の回りにあふれています。ものを燃やす時や調理の時に発生する多環芳香族炭化水素の中には、シトクロムＰ４５０によって代謝を受けると、遺伝子に結合して発がん性を有する代謝物に変換されてしまうものがあります。ヒトの発がんの主たる要因の一つに、食生活があげられます。少量ではありますが、どんな食べ物の中にも発がん性が疑われる化学物質が入っています。

ヒトの場合は寿命が長いため、発がんリスクは大きな健康リスクとなりますが、動物の場合はどうでしょうか？　野生環境下では、動物の寿命は動物園など飼育環境下の半分であるといわれています。そのため野生動物の場合、腫瘍の原因の多くは、化学物質による発がんではなくウイルス性といわれています。

しかし、代謝酵素に動物種差が存在する以上、がんを発症しやすい動物もいる可能性が考えられます。ストックホルム条約の対象となり、環境中の残留性が高く生物濃縮を起こす残留性有機汚染物質には、ダイオキシン類やＤＤＴのように発がん性があるもの、もしくは、発がん性が疑われているものがあります。野生動物でも、化学物質による発がんリスクは決してゼロではないのです。

今後の動物の化学物質感受性の研究

さて、これまで述べてきたように、化学物質の感受性には個人差や種差が存在します。それを決定づける重要な因子がこれまでに紹介してきたシトクロムＰ４５０やグルクロン酸転移酵素のような、第Ⅰ相反応と第Ⅱ相の酵素群になります。ヒトでは、医薬品の代謝に関わる重要な酵素のため、分子種やその機能まで、詳細に調べられています。

一方、その他の動物では実験動物を除くと、その特徴はほとんどわかっていません。野生動物はヒトと同じく、多くの化学物質に曝露され続けています。どのような種がどのような化学物質に感受性があり、その原因は何なのか、今後の研究がまたれます。

（石塚真由美　北海道大学大学院獣医学研究院教授）

エピローグ　化学物質をめぐる対立

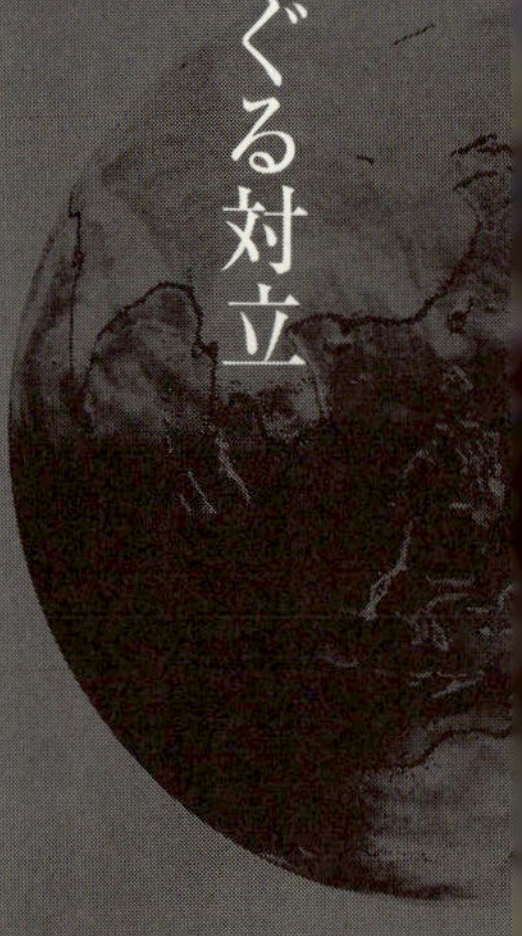

人類が作り出した化学物質をめぐっては、本書で挙げられてきたように不都合という見解と、たくさんの物質が有用に使われているという見解がしばしば対立します。ここで、議論をまとめるためによく行われる説明は、不都合と便益（リスクとベネフィット）をバランスよく使っていくのが良い、というものです。「不都合と便益をバランスよく」――総論としてはまったくもっともな話ですが、これだけでは何も言っていないに等しく、問題の解決にはなりません。総論だけではなく、各論としても納得のいく説明を提示できなければ、解決にはならないのです。

化学物質をめぐる対立を難しくしている問題の本質は、どこにあるのでしょうか。私は、三つの問題があると考えています。

一つ目は、化学物質をめぐる問題の多くが、なかなか目に見えないということにあります。例えば、交通事故や産業事故の多くは目に見える形で発生し、ひとたび事故が起きるとどのような人的被害が生じて、どれだけの金銭的損失などをもたらすかは予測できます。対応策も明快です。交通事故のリスクを下げるために、自動ブレーキを装着した自動車を購入したり、産業事故を防ぐ監視・安全装置を設置するなどの対策を講じることもできますし、それにかかる費用も予測できます。このような目に見える事象に対しては、多くの人は、不都合と便益のバランスを直観的に考えることができます。

これに対して、化学物質がかかわる問題は、目に見えないもので、直観的理解が難しいものばかりです。有害な環境汚染物質の代表格であるＰＯＰｓは地球全体を循環し、極域にも到達していますが、大気中や海水中を移動するＰＯＰｓの分子を肉眼で見ることはできません。また、ＰＯＰｓの分子を何らかの技術でとらえたとしても、極域に住む人々の健康にＰＯＰｓが影響している証拠は、簡単には見つけ出すことはできません。このように、目に見えないことが、化学物質をめぐる問題をわかりにくくしている本質だと思います。

二つ目は、現代における化学物質の問題の多くが薄く広く拡がっている点です。私たちの体内には、常に一定量の化学物質が存在しており、測定すればこれを知ることができます。こうした化学物質によって、私たちの生理状態の何かがごくわずかに影響されているかもしれません。個人としてはわずかな影響であっても、例えば世界中の大多数の人への影響を合算すると、社会全体が受ける影響は非常に大きくなる可能性もあります。

しかしながら、このような広く薄い影響は、通常は科学的な分析や難しい統計計算によってのみ予測や計測が可能です。しかも、分析結果はたくさんの予備知識や専門的知識がないと理解できない場合が大半を占めます。さらに化学物質以外の原因がある可能性を否定できないなど、さまざまに解釈できる場合が少なくなく、このことがしばしば論争の原因になります。

三つ目は、化学物質がもたらす影響の評価は人の価値観に左右されることです。客観的な事実やデータによって議論される科学の世界であっても、人の価値観を完全に排除することはできません。とりわけ環境中の化学物質の影響は、ヒトの健康にかかわる切実な問題だけに、人々の価値観や先入観が入り込む余地が大きく、同じデータを扱っていてもその解釈には大きな違いが生じます。こうした価値観の問題は、不都合と便益のバランス、という総論を各論に落とし込むときに、双方の評価に無視できない影響をもたらし、しばしば複雑な問題を引き起こします。

さらにややこしいのは、対象をどこまで拡げるかです。化学物質への感受性は生物によって大きな差があるため、対象をヒトの領域とするのか、もっと広い生物群とするのか、さらに拡大して、生物にとどまらず、地球環境全般に拡げるのかによって、リスクの評価も対策も大きく変わってきます。このように「地球をめぐる不都合な化学物質」といっても、何がどのように不都合であり、また逆に好都合であるか、人々の間に共通の尺度が必ずしも存在しないことが、問題の理解を難しくしています。

本書で紹介した不都合な物質はどうか

まとめると、人類が生み出した化学物質の影響の評価には、以下の三つの本質的な問題が障害となっています。

①目に見えない
②環境中に薄く広く拡がり、その影響を捉えにくい
③影響評価が、人々の価値観によって大きく変動する

本書で取り上げた「不都合な化学物質」を例に考えてみましょう。

ＰＯＰｓは、大量の純物質を瓶に入れれば粉末や液体として目に見えますが、環境に存在する量や状態では、まず目で見ることはできません。高度な分析化学の手段によって、はじめてその存在を検知できます。ＰＯＰｓは、過去にその多くを生産してきた先進国にとどまることなく、熱帯から極域まで地球全体に広く薄く拡散して存在しています。ＰＯＰｓは、直接には目に見えず、広く薄く拡散している点で、先に挙げた本質的な問題の一つ目と二つ目に当てはまります。

また、ＰＯＰｓは、生物濃縮の結果として、極域に居住する人々や、アザラシなどの海生哺乳動物などの生殖や成長に影響を与えているのではないかという懸念があります。その一方で、ストックホルム条約（ＰＯＰｓ条約）では、ＤＤＴなど一部の物質は、農薬など特定の目的・用途に制限したうえで適用が除外されてきました。

日頃から環境問題に関心を持つ人であれば、ＤＤＴの適用除外を重大に考えるかもしれませんが、関心の薄い人では、むしろＤＤＴの経済的効用を高く評価するかもしれません。このように、ＰＯＰｓは人々の価値観によってその評価に大きな振れ幅があるという点で、三つ目の問題にも該当します。

詳細な説明は省きますが、メチル水銀をはじめとする重金属による環境汚染にも、①〜③の問題が存在し、そのリスクとベネフィットを評価することは簡単ではありません。

近年、国際的に関心が高まっているマイクロプラスチックはどうでしょうか。マイクロプラスチックは、大きさによっては肉眼で見えますが、海洋中に存在しているものは、ほとんどその存在がわかりません。こうしたこともあって、海洋汚染の拡がりについては、長い間気づかれずにいました。つまり、マイクロプラスチックは、やはり広い海洋では「目に見えない存在」であるといえます。

最近になって、このマイクロプラスチックも、地球の海洋に広く薄く拡がっていることが明らかになってきました。しかし、その影響はまだ完全には解明されていません。不気味ではありますが、これがどの程度、有害な化学物質の輸送媒体として働くか、そして、その影響がどこまで及んでいるのかについては、専門家の間でもいまだ科学的事実としての共通認識が存在していないように思います。したがって、マイクロプラスチックに関しては、価値観の違いによる深刻な対立が起きる以前の、科学的知見を深める段階にあるといえます。今後、調査・研究が進み、科学的なコンセンサスが得られれば、ＰＯＰｓや重金属と同様に、個人の価値観の問題が重要になってくるでしょう。

このように、本書で取り上げた不都合な物質の多くが、目に見えず、薄く広く拡がったという点で共通していることがわかります。また、ある程度知見が蓄積されてくると、問題に対する個人の価値観の違いも鮮明になります。このような化学物質と、私たちはどのように付き合っていったらよいのでしょうか。

リスクの評価と対策

ここで、化学物質を管理する仕組みに少しだけ触れたいと思います。わが国には化学物質審査規制法〈正式名称は「化学物質の審査及び製造等の規制に関する法律」〈化審法〉〉があり、同様な規制として欧州ではＲＥＡＣＨ（Registration,Evaluation,Authorisation and Restriction of Chemicals）、アメリカではＴＳＣＡ（Toxic Substances Control Act）があります。近年は、ほとんどの先進国から発展途上国まで、同様の規制が整備されてきました。いずれも、新たに製造される、またはすでに市場に流通する物質の毒性を、動物実験や生物試験など決められた方法に基づいて調べ、人や生物への曝露量とあわせてリスクの大きさを判定する、という仕組みです。判定されたリスクの大きさにより、物質の用途や流通に制約が付されることになります。本書で紹介した事例のうち、ＰＯＰｓの多くはこれらの法や制度の下で規制されており、ストックホルム条約でいう国際的な化学物質管理が運用されています。水銀についても、「水銀に関する水俣条約」のもとで似た仕組みが作られつつあります。

ＰＭ２・５（微小粒子状物質）は国境を越えて汚染を拡散する越境汚染物質というとらえ方が一般的で、大気汚染物質としての管理が進められています。欧州には、長距離越境大気汚染条約（ＬＲＴＡＰ＝Convention on Long-range Trans-boundary Air Pollution）という枠組みがあり、欧州からロシアに至る各国が条約の下で協力してＰＭ２・５などの大気汚染への取り組みが行われています。東アジアには同種の条約はありませんが、越境大気汚染に関する多国間の共同研究などはよく行われています。重金属、特に大気を通じて運ばれる微量元素への管理制度は、各国とも個別規制はさまざまに行われていますが、元素を一括で扱うような仕組みにはなっていません。この中で、例えばＬＲＴＡＰでは、元素の一部が議定書に基づいて一括で管理されています。

このように、地球をめぐる不都合な化学物質に対応する規制が世界にあり、その多くは、多数の物質や用途に対してしっかり機能しています。ただし、これらで十分かというと、実はそうでもありません。

第2部で紹介された化学物質が与える影響、例えば子どもの発達に影響するのかどうかは、まだ完全には解明されていません。生体の免疫機構への影響についても、相当の研究はありますが、化学物質と免疫機構やアレルギーとの関連性は、まだ確立されたとはいえない状況です。野生生物の種の違いによる代謝能力の違いが毒性に及ぼす影響に対する理解は、さらに不十分です。この場合は、生物の種類が多数になるため、それぞれに影響の仕組みが異なってくる可能性もあります。

ここに挙げた子どもの発達への影響、免疫機構への影響、また野生生物の代謝への影響は、実は、前述した化審法やREACH、TSCAまたLRTAPではほとんど考慮されていないのです。では、どうすればよいのでしょうか。

不都合な物質とどう付き合うか

不都合な物質とどう付き合うか、毒とクスリをどう使い分けるのか。この問いに対する学者の答えは、だいたい決まっています。冒頭に述べたことにも重なりますが、環境化学の専門家たちの最大公約数は次のような意見に集約されます。

「化学物質には多くの有用な用途があり、だからこそ多数の物質が合成され、使われています。したがって、化学物質によるベネフィットと、懸念されるリスクとをバランスを取って使うのが正しい」

私も学者の端くれとして、この意見に総論としては賛成です。しかし、各論はそう簡単ではありません。

学問としては、化学物質のリスクとベネフィットのバランスを考える、という研究論文は、多数存在します。これらは研究として興味深いものが多く、さまざまな新しい視野や知恵を私たちに与えてくれます。今後もそういう研究は発展していくでしょうし、研究機関の人間として、ぜひより深く広い研究が展開されることを願っています。しかしながら、現在の研究成果を、みなさんの実際の生活に役立てることができるかと問われると、ただちにイエスとは言えません。

化学物質のリスクとベネフィットを考える、という研究では、ごく大雑把に言うと、例えば一つの化学物質に注目し、注目した物質のリスクの大きさと、そのベネフィットの大きさを何らかの方法でそれぞれ計量して相互に比較します。

ここでいう化学物質のリスクとは、例えば本書で紹介された目に見えない物質の、広く薄い汚染、その結果として起こる幼児や小児の発達の遅れや免疫機構のかく乱、あるいは野生生物の代謝への影響、といったものを考えることになります。ところが、私たちは先に挙げた影響について、そのすべてを完全に把握しているわけではありません。そして、科学的な把握が不十分な影響を、既存の法制度の下で扱うことは難しく、その結果、管理の対象外となることが多く起こり得ます。

それでは、ベネフィットについてはどうでしょうか。化学物質を使うことによるベネフィットを計量する、という課題は、実はリスクの計量以上に難しい課題です。その物質を生産することによって製造企業が得た収益は計算できるでしょう。しかしながら、製造企業の収益は、その物質が社会の中で流通して生み出したベネフィットのすべてを反映しません。社会の中でのベネフィット全体を定量するのは、容易ではないのです。

先に書いた通り、リスク評価は、個人の価値観によって大きく変動します。この本を手に取ってくださった人と、タイトルを見ただけで通り過ぎた人は、たぶん違う反応を示します。計量方法が定まらず、それに対する個人の価値観に大きな幅がある事象を、正確に計量することはまず難しいと私は考えます。

現状では、不正確なリスクとベネフィットの計量を重ねても、解析の精度が高まることはなく、むしろ議論を錯綜させて、かえって問題の解決を難しくする恐れがあります。

振り返ってみると、水俣病をはじめとする、化学物質を原因とする深刻な被害は、私たちの科学的知見が不十分なうちに起こりました。そして現在でもなお、本書の各章で紹介した通り、私たちは完全な知識を持っていません。

そうすると、化学物質の管理においては、一見正しく理論的なアプローチだけでなく、知識が不完全なときも、もちろん完全に近いときも、ともに適用できる方法である必要があります。やり方は、大きく分けると三つくらいのアプローチが考えられます。

一つ目は、特に欧州では広く認められている、予防原則あるいは予防的アプローチという考え方です。具体的には、すべての完全な知見がそろわなくとも、一定の対策を予防的に実施すべき、というものです。

しかし、この予防的な考え方には、強い懸念を示す人もいます。何の科学的根拠もないのに、ただ怖いというだけで意思決定がなされることは不合理である、というような意見です。確かに、合理的根拠を考察しない予防的な対応には、私も必ずしも賛同しません。しかし、すべての知見が不確実であるならば、その不確実の程度や影響を議論したうえで予防的な措置を行う、一種の科学的な予防的アプローチという考え方はあり得ると思われます。

二つ目は、リスク評価というアプローチです。物質によっては、科学的知見はそれなりにしっかりしており、例えば、発がん物質に対する人々の受け止め方はおおよそ定まっています。このような場合には、リスクを可能な限り定量的に把握し、それに基づいて科学的に、ある意味では、機械的に意思決定を行う仕組みです。

三つ目は、一般の人々の感覚を取り入れた意思決定です。これは、一定の科学的知見はあるものの、その影響に対する人々の、そして社会の受け止め方に大きな違いがあり、科学的知見と意思決定を結びつけることが難しい場合を想定しています。例えば、わが国で十数年前に内分泌かく乱化学物質（環境ホルモン）の問題が提起されたときの状況は、これに近かったのではないかと思います。この場合は、科学的知見に対して、より一般人の（および場合によっては産業側もあわせた）感覚を取り入れたアプローチが必要です。

この三つのアプローチのうち、最初と最後においては、現在よりも、より積極的な市民感覚の活用、すなわち、ある種の民主的なプロセスを作っていくべきです。しかし、ここで民主的なプロセスを利用するためには、一般の人々にも、おそらく現在より確かな知識が必要となります。多くの人は、「化学物質」という言葉を聞いただけで、「何か恐ろしいもの」「やっかいなもの」という印象を持ったり、それ以前に「自分にはわからない」と思考停止になったりしがちです。そのために、学問や研究に携わる人間は、よりわかりやすく、何が既知で何が未知かを、市民の側に伝えていく努力が求められます。

一定の科学的知見を身につけた後に必要になるのは、最初に挙げた、リスク評価における三つの本質的な問題の認識です。

①目に見えない
②環境中に薄く広く拡がり、その影響を捉えにくい
③影響評価が、人々の価値観によって大きく変動する

こうした問題があることを把握したうえで、専門家の提供する信頼できるデータを一般人の日常感覚で評価していくのです。私はコミュニケーション論などの専門ではありませんが、化学物質のリスクの管理を考えるうえで、一見すると遠回りに見えるこうしたアプローチが必要なのではないでしょうか。

私たちは、さまざまな化学物質の手助けなしには維持できない社会に暮らしています。その一方で、その化学物質の濫用が生物や地球環境に無視できないダメージを与えていることは否定できません。リスクとベネフィットを比較して、納得できる選択肢を選ぶためには、環境化学に対する基本的な知識と正しい問題意識が必要です。そこでは、今以上に市民感覚を生かしていく必要があることは間違いありません。そのためにはどのような知識が必要で、また、専門家として何を発信していけばよいのか、どのように管理していけばよいのか、私もさらに考えを深めていきたいと思っています。そしてこの本の読者のみなさんが、このような考察に関心を持ってくだされば、私としても望外の喜びです。

（鈴木規之　国立環境研究所環境リスク・健康研究センターセンター長）

執筆者紹介

プロローグ
柴田康行（しばた・やすゆき）１９５４年、福岡県生まれ。１９７７年東京大学理学部卒業。理学博士。現在、国立環境研究所環境計測研究センターフェロー。専門分野は、有機汚染物質分析、元素の化学形態分析、同位体分析とその環境研究への応用。

第１章
田辺信介（たなべ・しんすけ）１９５１年、大分県生まれ。１９７３年愛媛大学農学部卒業。農学博士。現在、愛媛大学沿岸環境科学研究センター長・特別栄誉教授（環境化学）。専門分野は、有害物質による地球と生物の汚染実態解明研究。

国末達也（くにすえ・たつや）１９６８年、三重県生まれ。２００４年愛媛大学大学院連合農学研究科修了。博士（農学）。現在、愛媛大学沿岸環境科学研究センター教授（環境分析化学）。専門分野は、有害化学物質による環境汚染と野生生物の影響評価に関する研究。

第２章
高田秀重（たかだ・ひでしげ）１９５９年、東京都生まれ。１９８２年東京都立大学理学部卒業。博士（理学）。現在、東京農工大学農学部環境資源科学科教授（環境汚染化学）。専門分野は、有害化学物質の環境動態に関する研究。

第3章
山川茜（やまかわ・あかね）1979年、兵庫県生まれ。2003年神戸大学理学部卒業。博士（理学）。現在、国立環境研究所環境計測研究センター主任研究員。専門分野は、同位体比分析手法を用いた環境動態解析。

第4章
坂田昌弘（さかた・まさひろ）1953年、愛知県生まれ。1976年静岡大学理学部卒業。1979年名古屋大学大学院理学研究科博士課程中退。理学博士。2019年まで静岡県立大学食品栄養科学部教授。専門分野は、有害微量元素の環境動態に関する研究。

第5章
伏見暁洋（ふしみ・あきひろ）1974年、神奈川県生まれ。2003年横浜国立大学大学院工学研究科博士課程修了。博士（工学）。現在、国立環境研究所環境計測研究センター主任研究員。専門分野は、大気中のガス状・粒子状の有機成分分析と起源・動態解析。

第6章
仲井邦彦（なかい・くにひこ）1957年、愛知県生まれ。1982年北海道大学獣医学部卒業。学術博士。現在、東北大学大学院医学系研究科教授（発達環境医学）。専門分野は、疫学的なアプローチによる化学物質による健康リスク解析。

第7章
太田壮一（おおた・そういち）1956年、静岡県生まれ。1981年島根大学農学部卒業。1987年大阪大学応用薬学研究科博士課程修了。薬学博士。現在、摂南大学薬学部教授（疾病予防学）。専門分野は、健康有害物質による生体恒常性かく乱作用に関する研究。

第8章
石塚真由美（いしづか・まゆみ）1969年、茨城県生まれ。1994年北海道大学獣医学部卒業。獣医学博士。現在、北海道大学大学院獣医学研究院教授（毒性学）。専門分野は、環境汚染や化学物質感受性の種差に関する研究。

エピローグ
鈴木規之（すずき・のりゆき）1961年、東京都生まれ。1984年東京大学工学部卒業。工学博士。現在、国立環境研究所環境リスク・健康研究センターセンター長。専門分野は、化学物質の環境動態解析とリスク評価・管理に関する研究。

（編集協力）
家田曜世（いえだ・てるよ）1979年、石川県生まれ。2002年北海道大学水産学部卒業。2004年北海道大学大学院地球環境科学研究科修士課程修了。現在、国立環境研究所環境計測研究センター研究員。専門分野は、環境試料中有機化学物質の網羅的分析手法の開発と応用。

(UGT) 2B subfamily interspecies differences in carnivores, *Toxicological Sciences*, 158, 90–100

※5 Kakehi M. et al. (2015) Uridine diphosphate-glucuronosyltransferase (UGT) xenobiotic metabolizing activity and genetic evolution in pinniped species, *Toxicological Sciences*, 147, 360–369

※6 Saengtienchai A. et al. (2016) The African hedgehog (*Atelerix albiventris*): Low phase I and phase II metabolism activities, *Comparative Biochemistry and Physiology - Part C: Toxicology & Pharmacology*, 190, 38–47

※7 Wirgin I. et al. (2011) Mechanistic basis of resistance to PCBs in Atlantic tomcod from the Hudson River, *Science*, 331, 1322–1325

※8 Takeda K. et al. (2016) Novel revelation of warfarin resistant mechanism in roof rats (*Rattus rattus*) using pharmacokinetic/pharmacodynamic analysis, *Pesticide Biochemistry and Physiology*, 134, 1–7

※9 Ishizuka M. et al. (2007) Elevated warfarin metabolism in warfarin-resistant roof rats (*Rattus rattus*) in Tokyo, *Drug Metabolism and Disposition*, 35, 62–66

※10 Lovett R.A. (2012) Killing rats is killing birds, *Nature*, doi:10.1038/nature.2012.11824

※11 Eason C.T. et al. (2002) Assessment of risks of brodifacoum to non-target birds and mammals in New Zealand, *Ecotoxicology*, 11, 35–48

※12 Watanabe K.P. et al. (2010) Comparison of warfarin sensitivity between rat and bird species, *Comparative Biochemistry and Physiology - Part C: Toxicology & Pharmacology*, 152, 114–119

Ganshippeitaisakuka/0000111693.pdf

※2 高野裕久 (2009) 環境汚染物質によるアレルギー疾患の増悪，日本衛生学雑誌，64, 710-714

※3 Takano H. et al. (2006) Di-(2-ethylhexyl) phthalate enhances atopic dermatitis-like skin lesions in mice, *Environmental Health Perspectives*, 114, 1266-1269

※4 厚生労働科学研究報告書「科学的根拠に基づくシックハウス症候群に関する相談マニュアル（改訂新版）」
https://www.mhlw.go.jp/file/06-Seisakujouhou-11130500-Shokuhinanzenbu/0000155147.pdf

※5 山科正平 (2017)『新しい人体の教科書　下』講談社ブルーバックス

※6 角谷秀樹ほか (2018)「ダイオキシン類は芳香族炭化水素受容体を介して生体バリア破綻作用を示す」第27回環境化学討論会予稿集

※7 Sonoda N. et al. (1999) Clostridium perfringens enterotoxin fragment removes specific claudins from tight junction strands: Evidence for direct involvement of claudins in tight junction barrier, *The Journal of Cell Biology*, 147, 195-204

※8 環境省「臭素系ダイオキシン類排出実態調査報告書（平成14〜28年度）」
https://www.env.go.jp/chemi/dioxin/chosa/result_h28.pdf

※9 角谷秀樹ほか (2013)「マウス授乳期のTCDD曝露の有無による免疫機能に対する毒性影響」，第22回環境化学討論会予稿集

（第8章）

※1 Hume I.D. (1982) The digestive physiology of marsupials, *Comparative Biochemistry and Physiology Part A: Physiology*, 71, 1-10

※2 Fink-Gremmels J. (2008) The role of mycotoxins in the health and performance of dairy cows, *The Veterinary Journal*, 176, 84-92

※3 Finlay F. (2005) Chocolate poisoning, *British Medical Journal*, 331, 633

※4 Kondo T. et al. (2017) Uridine diphosphate-glucuronosyltransferase

（第6章）

※1　坂本峰至，安武章 (2011) 魚介類とメチル水銀について，モダンメディア，57(3), 16–21

※2　Grandjean P. et al. (1997) Cognitive deficit in 7-year-old children with prenatal exposure to methylmercury, *Neurotoxicology and Teratology*, 19, 417–428

※3　Davidson P.W. et al. (1998) Effects of prenatal and postnatal methylmercury exposure from fish consumption on neurodevelopment: outcomes at 66 months of age in the Seychelles Child Development Study, *JAMA*, 280, 701–707

※4　川本俊弘 (2013) 子どもの成長・発達に影響を与える環境要因を明らかにする取り組み：エコチル調査，環境情報科学，41(4), 16–20

※5　Tatsuta N. et al. (2017) Effects of intrauterine exposures to polychlorinated biphenyls, methylmercury, and lead on birth weight in Japanese male and female newborns, *Environmental Health and Preventive Medicine*, 22:39

※6　Tatsuta N. et al. (2017) Psychomotor Ability in children prenatally exposed to methylmercury: the 18-month follow-up of tohoku study of child development, *The Tohoku Journal of Experimental Medicine*, 242, 1–8

※7　仲井邦彦 (2013) 魚介類摂取と化学物質ばく露のリスク，脂質栄養学，22(1), 7–15

※8　Zhao L-G. et al. (2016) Fish consumption and all-cause mortality: a meta-analysis of cohort studies, *European Journal of Clinical Nutrition*, 70, 155–161

※9　Mozaffarian D., Rimm E.B. (2006) Fish intake, contaminants, and human health: evaluating the risks and the benefits, *JAMA*, 296, 1885–1899

※10　津川友介 (2018)『世界一シンプルで科学的に証明された究極の食事』東洋経済新報社

（第7章）

※1　厚生労働省「アレルギー疾患の現状等（資料2）」
https://www.mhlw.go.jp/file/05-Shingikai-10905100-Kenkoukyoku-

transport of heavy metals from the Asian continent to their concentrations in sediment cores from Lake Shinji, western Japan, *Water, Air, & Soil Pollution*, 223, 1151-1160

（第5章）

※1 伏見暁洋ほか (2011) $PM_{2.5}$の実態解明に向けて―最近の研究と今後の課題―, 大気環境学会誌, 46, 84-100

※2 中西準子 (1995)『環境リスク論―技術論からみた政策提言』岩波書店

※3 環境省「微小粒子状物質（PM2.5）に関する情報」
https://www.env.go.jp/air/osen/pm/info.html

※4 日本エアロゾル学会「$PM_{2.5}$に関するFAQ」
https://www.jaast.jp/PM2_5_faq/

※5 国立環境研究所「環境数値データベース」
https://www.nies.go.jp/igreen/

※6 PM2.5まとめ「全国のPM2.5情報・予報サイト」
https://pm25.jp/

※7 伏見暁洋ほか (2018) 9.エアロゾルの炭素性成分分析, エアロゾル研究, 33, 183-194

※8 伏見暁洋 (2018) 最近の大気中$PM_{2.5}$の起源と稲わら等の野焼きの影響, 国立環境研究所ニュース, 36(6), 5-8

※9 国立環境研究所 (2017)「$PM_{2.5}$の観測とシミュレーション―天気予報のように信頼できる予測を目指して」環境儀 No.64
https://www.nies.go.jp/kanko/kankyogi/64/64.pdf

※10 鵜野伊津志ほか (2017) $PM_{2.5}$越境問題は終焉に向かっているのか？, 大気環境学会誌, 52, 177-184

※11 世界の大気汚染：リアルタイム気質指数ビジュアルマップ
http://aqicn.org/map/world/jp/m/

※12 国立環境研究所 (2018)「未規制燃焼由来粒子状物質の動態解明と毒性評価」国立環境研究所研究プロジェクト報告, SR-133-2018
https://www.nies.go.jp/kanko/tokubetu/pdf/sr-133.pdf

Assessment 2018"

※9 Bergquist B.A., Blum J.D. (2007) Mass-dependent and -independent fractionation of Hg isotopes by photoreduction in aquatic systems, *Science*, 318, 417-420

(第4章)

※1 J.E.アンドリューズほか (渡辺正 訳) (2005)『地球環境化学入門』シュプリンガー・フェアラーク東京

※2 森田昌敏，高野裕久 (2005)『環境と健康』岩波書店

※3 Sakata M. et al. (2008) Wet and dry deposition fluxes of trace elements in Tokyo Bay, *Atmospheric Environment*, 42, 5913-5922

※4 IMF-World Economic Outlook Database
https://www.imf.org/external/pubs/ft/weo/2018/02/weodata/index.aspx

※5 Sakata M. , Asakura K. (2011) Atmospheric dry deposition of trace elements at a site on Asian-continent side of Japan, *Atmospheric Environment*, 45, 1075-1083

※6 Sakata M. et al. (2014) Contribution of Asian outflow to atmospheric concentrations of sulfate and trace elements in aerosols during winter in Japan, *Geochemical Journal*, 48, 479-490

※7 Sakata M. et al. (2013) Effectiveness of sulfur and boron isotopes in aerosols as tracers of emissions from coal burning in Asian continent, *Atmospheric Environment*, 67, 296-303

※8 Sakata M. et al. (2006) Regional variations in wet and dry deposition fluxes of trace elements in Japan, *Atmospheric Environment*, 40, 521-531

※9 Sakata M. , Asakura K. (2009) Factors contributing to seasonal variations in wet deposition fluxes of trace elements at sites along Japan Sea coast, *Atmospheric Environment*, 43, 3867-3875

※10 Sakata M. , Marumoto K. (2005) Wet and dry deposition fluxes of mercury in Japan, *Atmospheric Environment*, 39, 3139-3146

※11 Kusunoki K. et al. (2012) Evaluating the contribution of long-range by Takada H., Karapanagioti H.K.)", Springer International Publishing, 267–280

※12 Rochman C.M. et al. (2013) Ingested plastic transfers hazardous chemicals to fish and induces hepatic stress, *Scientific Reports*, 3: 3263

※13 Jambeck J.R. et al. (2015) Plastic waste inputs from land into the ocean, *Science*, 347, 768–771

※14 Matsuguma Y. et al. (2017) Microplastics in sediment cores from Asia and Africa as indicators of temporal trends in plastic pollution, *Archives of Environmental Contamination and Toxicology*, 73, 230–239

※15 高田秀重 (2019) プラスチックによる海洋汚染：脱プラスチックと持続可能な開発目標(SDGs)（特集 プラスチック汚染：海に広がる脅威からの転換）科学, 89, 26–32

（第3章）

※1 渡辺正 監訳 (2007)『元素大百科事典』朝倉書店

※2 Kawahata H. et al. (2014) Heavy metal pollution in Ancient Nara, Japan, during the eighth century, *Progress in Earth and Planetary Science*, 1:15

※3 渡邉泉 (2012)『重金属のはなし　鉄、水銀、レアメタル』中公新書

※4 United Nations Environment Program (UNEP) (2013) "Global Mercury Assessment 2013: Sources, Emissions, Releases and Environmental Transport"

※5 Historical coal data: coal production, availability and consumption 1853 to 2017
https://www.gov.uk/government/statistical-data-sets/historical-coal-data-coal-production-availability-and-consumption

※6 中地重晴 (2013)『水銀ゼロをめざす世界　水銀条約と日本の課題』熊本日日新聞社

※7 西村肇, 岡本達明 (2001)『水俣病の科学』日本評論社

※8 United Nations (UN) Environment (2019) "Global Mercury

Rajasthan, India, *Environment International*, 26, 231-236

(第2章)

※1 Geyer R. et al. (2017) Production, use, and fate of all plastics ever made, *Science Advances*, 3: e1700782

※2 高田秀重, 山下麗 (2018) 海洋プラスチック汚染概論：研究の歴史,動態,化学汚染（特集 プラスチック汚染を上流で抑える）, 用水と廃水, 60(1), 29-40

※3 Carpenter E.J. , Smith Jr. K.L. (1972) Plastics on the Sargasso Sea Surface, *Science*, 175, 1240-1241

※4 高田秀重 (2017) 有害化学物質の輸送媒体としてのマイクロプラスチック,『海の温暖化―変わりゆく海と人間活動の影響―（日本海洋学会編)』朝倉書店, 135-138

※5 山下麗ほか (2016) 海洋プラスチック汚染：海洋生態系におけるプラスチックの動態と生物への影響, 日本生態学会誌, 66, 51-68

※6 Tanaka K., Takada H. (2016) Microplastic fragments and microbeads in digestive tracts of planktivorous fish from urban coastal waters, *Scientific Reports*, 6: 34351

※7 高田秀重 (2017) マイクロプラスチックによる水環境汚染と生態系への影響（特集 水環境におけるマイクロプラスチック）, 水環境学会誌, 40, 344-348

※8 シーア・コルボーンほか（長尾力 訳）(2001)『奪われし未来（増補改訂版)』翔泳社

※9 Yamashita R. et al. (2018) Hazardous chemicals in plastics in marine environments: International Pellet Watch, in "Hazardous Chemicals Associated with Plastics in the Marine Environment (eds. by Takada H., Karapanagioti H.K.)", Springer International Publishing, 163-183

※10 高田秀重, 大垣多恵 (2018) インターナショナルペレットウォッチの市民科学としての役割, 水資源・環境研究, 31, 4-10

※11 Tanaka K. et al. (2018) Transfer of hazardous chemicals from ingested plastics to higher-trophic-level organisms, in "Hazardous Chemicals Associated with Plastics in Marine Environment (eds.

参考文献

(第1章)

※1 Ayotte P. et al. (1997) PCBs and dioxin-like compounds in plasma of adult inuit living in Nunavik (Arctic Quebec), *Chemosphere*, 34, 1459-1468

※2 O'Shea T.J., Tanabe S. (1999) Persistent ocean contaminants and marine mammals: A retrospective overview, in "Marine Mammals and Persistent Ocean Contaminants: Proceedings of the Marine Mammal Commission Workshop (eds. by O'Shea T.J. et al.)" , 84-88

※3 磯部友彦, 国末達也, 田辺信介 (2009) 第1章　アジア――太平洋地域の化学汚染,『分子でよむ環境汚染 (鈴木聡 編著)』東海大学出版会, 2-37

※4 Simmonds M.P. (1991) Marine mammal epizootics worldwide, in "Proceeding of the Mediterranean Striped Dolphins Mortality International Workshop (eds. by Pastor X., Simmonds M.P.)", 9-19

※5 Iwata H. et al. (1993) Distribution of persistent organochlorines in the oceanic air and surface seawater and the role of ocean on their global transport and fate, *Environmental Science & Technology*, 27, 1080-1098

※6 Wania F., Mackay D. (1993) Global fractionation and cold condensation of low volatility organochlorine compounds in polar regions, *Ambio*, 22, 10-18

※7 環境省 (2017)「ダイオキシン類の排出量の目録 (排出インベントリー) について」
http://www.env.go.jp/press/103805.html

※8 Dahl P. et al. (1995) Absorption of polychlorinated biphenyls, dibenzo-p-dioxins and dibenzofurans by breast-fed infants, *Chemosphere*, 30, 2297-2306

※9 Travis C.C., Hattemer-Frey H.A. (1991) Human exposure to dioxin, *Science of the Total Environment*, 104, 97-127

※10 John P.J. et al. (2001) Assessment of organochlorine pesticide residue levels in dairy milk and buffalo milk from Jaipur City,

ま行

や行

ら・わ行

な行

は行

た行

か行

さ行

さくいん

数字・英字

あ行

N.D.C.519　270p　18cm

ブルーバックス　B-2097

地球《ちきゅう》をめぐる不都合《ふつごう》な物質《ぶつしつ》

拡散する化学物質がもたらすもの

2019年6月20日　第1刷発行
2020年2月7日　第3刷発行

編著者　日本環境化学会《にほんかんきようかがくかい》
発行者　渡瀬昌彦
発行所　株式会社講談社
〒112-8001　東京都文京区音羽2-12-21
電話　出版　03-5395-3524
販売　03-5395-4415
業務　03-5395-3615
印刷所　(本文印刷) 豊国印刷株式会社
(カバー表紙印刷) 信毎書籍印刷株式会社
本文データ制作　ブルーバックス
製本所　株式会社国宝社

定価はカバーに表示してあります。

©日本環境化学会　2019, Printed in Japan
落丁本・乱丁本は購入書店名を明記のうえ、小社業務宛にお送りください。送料小社負担にてお取替えします。なお、この本についてのお問い合わせは、ブルーバックス宛にお願いいたします。

本書のコピー、スキャン、デジタル化等の無断複製は著作権法上での例外を除き禁じられています。本書を代行業者等の第三者に依頼してスキャンやデジタル化することはたとえ個人や家庭内の利用でも著作権法違反です。

Ⓡ〈日本複製権センター委託出版物〉複写を希望される場合は、日本複製権センター（電話03-3401-2382）にご連絡ください。


ISBN978－4－06－516393－1

発刊のことば

科学をあなたのポケットに

二十世紀最大の特色は、それが科学時代であるということです。科学は日に日に進歩を続け、止まるところを知りません。ひと昔前の夢物語もどんどん現実化しており、今やわれわれの生活のすべてが、科学によってゆり動かされているといっても過言ではないでしょう。

そのような背景を考えれば、学者や学生はもちろん、産業人も、セールスマンも、ジャーナリストも、家庭の主婦も、みんなが科学を知らなければ、時代の流れに逆らうことになるでしょう。

ブルーバックス発刊の意義と必然性はそこにあります。このシリーズは、読む人に科学的に物を考える習慣と、科学的に物を見る目を養っていただくことを最大の目標にしています。そのためには、単に原理や法則の解説に終始するのではなくて、政治や経済など、社会科学や人文科学にも関連させて、広い視野から問題を追究していきます。科学はむずかしいという先入観を改める表現と構成、それも類書にないブルーバックスの特色であると信じます。

一九六三年九月

野間省一